圖說演算法
使用C++

第三版

吳燦銘、胡昭民 著

零負擔理解演算法設計技巧・零程式基礎也能快速上手

採物件導向設計C++語言實作程式

配合實作程式碼，
將各種演算法應用在
程式設計的領域

加入實戰安全性演算法
與人工智慧的
相關演算法

豐富圖例闡述基礎，
將演算法做最簡明的
詮釋及舉例

設計難易適中的習題，
並參閱國家考試題型，
提供進一步演練

演算法最佳首選　　完善科學領域議題　　強化程式設計邏輯　　驗收學習成果

博碩文化

U0086579

作　　者：吳燦銘、胡昭民 著
責任編輯：Cathy

董 事 長：陳來勝
總 編 輯：陳錦輝

出　　版：博碩文化股份有限公司
地　　址：221 新北市汐止區新台五路一段 112 號 10 樓 A 棟
　　　　　電話 (02) 2696-2869　傳真 (02) 2696-2867

發　　行：博碩文化股份有限公司
郵撥帳號：17484299　戶名：博碩文化股份有限公司
博碩網站：http://www.drmaster.com.tw
讀者服務信箱：dr26962869@gmail.com
訂購服務專線：(02) 2696-2869 分機 238、519
（週一至週五 09:30 ～ 12:00；13:30 ～ 17:00）

版　　次：2023 年 1 月三版

建議零售價：新台幣 600 元
I S B N：978-626-333-352-9
律師顧問：鳴權法律事務所 陳曉鳴律師

本書如有破損或裝訂錯誤，請寄回本公司更換

國家圖書館出版品預行編目資料

圖說演算法：使用 C++/ 吳燦銘, 胡昭民作 . --
三版 . -- 新北市：博碩文化股份有限公司,
2023.01

　面；　公分

ISBN 978-626-333-352-9(平裝)

1.CST: C++(電腦程式語言)

312.32C　　　　　　　　　　111020801

Printed in Taiwan

歡迎團體訂購，另有優惠，請洽服務專線
博 碩 粉 絲 團　(02) 2696-2869 分機 238、519

程式設計課程的目的特別著重「運算思維」（Computational Thinking, CT）的訓練，也就是分析與拆解問題能力的培養，並藉助程式語言實作，進而訓練學生系統化的邏輯思維模式。C++ 語言是以 C 語言作為基本的架構，再導入物件導向（Object Oriented）的觀念，除了保有 C 語言的優點外，更與 C 語言相容，使得 C++ 語言使用的普及率相當高，因此本書以 C++ 語言實作，並透過這些程式範例，帶領各位學習運算思維與演算邏輯訓練的目的。

　　對於第一次接觸運算思維與演算邏輯教材的初學者來說，大量的演算法邏輯文字說明，常會造成學習障礙與挫折感。為了避免教學及閱讀上的不順暢，書中的演算法儘量不以虛擬碼來說明，而以 C++ 程式語言來展現。另外本書採用豐富圖文及最簡單的表達方式，闡述各種運算思維與演算邏輯，有效提高運算思維與演算邏輯的訓練。

　　本書一開始先介紹運算思維與程式設計兩者間的關係，談到如何培養運算思維的四個面向，分別是拆解、模式識別、歸納與抽象化與演算法。接著介紹常見經典演算法的核心理論，包括分治法、遞迴法、動態規劃法、疊代法、枚舉法、回溯法及貪心法，並簡介超人氣資料結構，其它章節則針對排序演算法、搜尋演算法、陣列與串列演算法、安全性演算法、人工智慧相關演算法、堆疊與佇列演算法、樹狀演算法、圖形演算法…等，並搭配 C++ 語言來實作完整程式範例，期能提高運算思維與演算邏輯訓練的成效。

　　為了驗收各章的學習成果，章末特別安排了課後習題。然而一本好的運算思維與演算邏輯訓練書籍，除了內容難易適中外，更需要有清楚易懂的架構安排及表達方式，希望本書能幫助各位透過 C++ 語言以最輕鬆的方式，達到運算思維與演算邏輯訓練的基礎目標。

目錄

CONTENTS

Chapter 3 超人氣資料結構簡介

Chapter
7

實戰安全性演算法

Chapter 8

徹底研究堆疊與佇列演算法

Chapter 9

超圖解的樹狀演算法

Chapter

10

圖形演算法的祕密

Chapter 11

AI 高手鐵了心都要學的神級演算法

1 進入演算法的世界

- ➤ 大話運算思維
- ➤ 運算思維的腦力大賽
- ➤ 生活中到處都是演算法

電腦（Computer），或者有人稱為計算機（Calculator），是一種具備了資料處理與計算的電子化設備。對於一個有志於從事資訊專業領域的人員來說，程式設計是一門和電腦硬體與軟體息息相關的學科，稱得上是近十幾年來蓬勃興起的一門新興科學。

🔺 雲端運算加速了全民程式設計時代的來臨

隨著資訊與網路科技的高速發展，在目前這個物聯網（Internet of Things, IOT）與雲端運算（Cloud Computing）的時代，程式設計能力已經被看成是國力的象徵，連教育部都將撰寫程式列入國高中學生必修課程，寫程式不再是資訊相關科系的專業，而是全民的基本能力，唯有將「創意」經由「設計過程」與電腦結合，才能因應這個快速變遷的雲端世代。

科技新知，不可不知

- 「雲端」即泛指「網路」，因為通常工程師對於網路架構圖中的網路，習慣用雲朵來代表不同的網路。雲端運算就是將運算能力提供出來作為一種服務，只要使用者能透過網路登入遠端伺服器進行操作，就能使用運算資源。
- 物聯網（IOT）是近年資訊產業中的熱門議題，它是將各種具裝置感測設備的物品，例如 RFID、環境感測器、全球定位系統（GPS）等裝置與網際網路結合起來，並透過網路技術讓各種實體物件、自動化裝置彼此溝通和交換資訊，也就是透過網路把所有東西都連結在一起。

程式設計的本質是數學，而且是更簡單的應用數學，過去對於程式設計的實踐目標，我們會非常看重「計算」能力。隨著資訊與網路科技的高速發展，計算能力的重要性早已慢慢消失，反而程式設計課程的目的特別著重學生「運算思維」（Computational Thinking, CT）的訓練。由於運算思維概念與現代電腦的強大執行效率結合，讓我們在今天具備擴大解決問題的能力與範圍，必須在課程中引導與鍛鍊學生建構運算思維的觀念，也就是分析與拆解問題能力的培養，培育 AI 時代必備的數位素養。

```python
for x in range(1, 10):
    for y in range(1, 10):
        print("{0}*{1}={2:
^2}".format(y, x,
x * y), end=" ")
print()
```

🔺 學好運算思維，透過程式設計是最快的途徑

1-1 大話運算思維

基本上，日常生活中大小事，無疑都是在解決問題，任何只要牽涉到「解決問題」的議題，都可以套用運算思維來解決。讀書與學習就是為了培養生活中解決問題的能力，運算思維是一種利用電腦的邏輯來解決問題的思維，就是一種能夠將問題「抽象化」與「具體化」的能力，也是現代人都應該具備的素養。目前許多歐美國家從幼稚園就開始訓練學生的運算思維，讓學生們能更有創意地展現出自己的想法與嘗試自行解決問題。

例如我今天和朋友約在一個沒有去過的知名旅遊景點，在出門前，你會先上網規劃路線，看看哪些路線適合你們的行程，以及哪一種交通工具最好，接下來就可

以按照計畫出發。簡單來說,這種計畫與考量過程就是運算思維,按照計畫逐步執行就是一種演算法(Algorithm),就如同我們把一件看似複雜的事情,用容易理解的方式來處理,這樣就是具備將問題程式化的能力。以下是規劃高雄一日遊的簡單運算思維範例:

上網查詢高雄知名景點　　列出一日遊景點清單

五油
四燈
三水
輪胎/胎壓

行車前安全檢查　　安排旅遊時程表

08:00 出發
09:00 美濃
11:00 佛光山
14:00 義大世界
18:00 愛河
19:30 回家

美濃
佛光山
義大世界
愛河

▲ 規劃高雄一日遊過程也算一種運算思維的應用

我們可以這樣形容:「學程式設計不等於學運算思維,然而程式設計的過程,就是一種運算思維的表現,而且學好運算思維,透過程式設計絕對是最佳的途徑。」程式語言本來就只是工具,從來都不是重點,沒有最好的程式語言,只有是不是適合的程式語言,學習程式的目標絕對不是要將每個學習者都訓練成專業的程式設計師,而是能培養學習者具備運算思維的程式腦。

2006 年美國卡內基梅隆大學 Jeannette M. Wing 教授首度提出了「運算思維」的概念,她提到運算思維是現代人的一種基本技能,所有人都應該積極學習,隨後 Google 也為教育者開發一套運算思維課程(Computational Thinking for Educators)。這套課程提到培養運算思維的四個面向,分別是拆解(Decomposition)、模式識別(Pattern Recognition)、歸納與抽象化(Pattern Generalization and Abstraction)及演算法(Algorithm),雖然這並不是建立運算思維唯一的方法,不過透過這四個面向我們能更有效率地發想,利用運算方法與工具解決問題的思維能力,進而從中建立運算思維。

　　訓練運算思維的過程中，其實就養成了學習者用不同角度，以及現有資源解決問題的能力，能針對系統與問題提出思考架構的思維模式，正確地使用這四個方式，並運用既有的知識或工具，找出解決艱難問題的方法，而學習程式設計，就是要將這四種面向，有系統的學習與組合，並使用電腦來協助解決問題，接下來請看我們詳細的說明。

1.拆解　　2.模式識別

3.歸納與抽象化　　4.演算法

🔼 運算思維的四個步驟示意圖

1-1-1　拆解

　　許多年輕人遇到問題時的第一反應，就是「想太多！」，把一個簡單的問題越搞越複雜。其實任何問題只要懂得拆解（Decomposition）成許多小問題，先將這些小問題各個擊破；小問題全部解決之後，原本的大問題也就迎刃而解了。例如我們隨身攜帶的手機故障了，如果將整台手機逐步拆解成較小的部分，每個部分進行各種元件檢查，就容易找出問題的所在。

🔼 修手機時，技師會先將手機拆解開來

1-1-2 模式識別

將一個複雜的問題分解之後,我們常常能發現小問題中有共有的屬性以及相似之處,這些屬性就稱為「模式」(Pattern)。模式識別(Pattern Recognition)是指在一堆資料中找出特徵(Feature)或問題中的相似之處,用來將資料進行辨識與分類,並找出規律性,才能做為快速決策判斷。例如各位想要畫一系列的貓,哪些屬性是大多數貓咪都有的?眼睛、尾巴、毛髮、叫聲、鬍鬚等。因為當各位知道所有的貓都有這些屬性,當想要畫貓的時候便可將這些共有的屬性加入,就可以很快地畫出很多隻貓。

Google 大腦(Google Brain)工具能夠利用 AI 技術從龐大的貓圖形資料中,辨識出貓臉跟人臉的不同,原理就是把所有照片內貓的「特徵」取出來,同時自己進行「模式」分類,才能夠模擬複雜的非線性關係,來獲得更好的辨識能力。

🔺 **Google Brain**能從龐大的圖形資料中,分辨出貓臉的圖片

1-1-3　歸納與抽象化

　　歸納與抽象化（Pattern Generalization and Abstraction，或稱樣式一般化與抽象化）在於過濾以及忽略掉不必要的特徵，讓我們可以集中在重要的特徵上，幫助將問題具體化，進而建立模型，目的是希望能夠從原始特徵數據集中學習出問題的結構與本質。通常這個過程開始會收集許多的資料，如何歸納出抽象規則，是需要經驗推理，藉由歸納與抽象化，把特性以及無法幫助解決問題的模式去掉，留下相關以及重要的共同屬性的過程，直到讓我們建立一個通用的問題解決模型。

　　　車商業務員：輪子、引擎、方向盤、煞車、底盤。

　　　修車技師：引擎系統、底盤系統、傳動系統、煞車系統、懸吊系統。

　　由於「抽象化」沒有固定的模式，它會隨著需要或實際狀況而有不同。譬如把一台車子抽象化，每個人都有各自的拆解方式，像是車商業務員與修車技師對車子抽象化的結果可能就會有差異。

1-1-4　演算法

　　演算法（Algorithm）是運算思維四個基石的最後一個，不但是人類利用電腦解決問題的技巧之一，也是程式設計領域中最重要的關鍵，常常被使用為設計電腦程式的第一步，演算法的每一個指示與步驟都是經過計畫過的。

特別是在今天，演算法與大數據的合作下，開始
進行起千奇百怪的運用，例如當你撥打至某個信用卡
客服中心，很可能就先經過演算法的過濾，幫你找出
一名最對你胃口的客服人員來與你交談，透過大數據
分析資料，店家還能進一步了解產品購買和需求的族
群是哪些人，甚至一些知名企業在面試過程中也必須
測驗新進人員演算法的程度。

▶ 大企業面試也必須測驗演算
法程度

科技新知，不可不知

大數據（又稱大資料、海量資料, big data），由 IBM 於 2010 年提出，是指在一定時效
（Velocity）內進行大量（Volume）且多元性（Variety）資料的取得、分析、處理、保存
等動作，主要特性包含三種層面：大量性、速度性及多樣性。大數據在維基百科的定義為
無法使用一般常用軟體在可容忍時間內進行擷取、管理及處理的大量資料，我們可以這樣
解釋：大數據其實是巨大資料庫加上處理方法的一個總稱，就是一套有助於企業組織大量
蒐集、分析各種數據資料的解決方案。

1-2 運算思維的腦力大賽

接下來將根據「運算思維國際挑戰賽」歷年出題的重點及題型，安排許多生動
有趣、又富挑戰的各種運算思維的擬真模擬試題，希望透過本單元，除了清楚運算
思維的訓練重點外，也可以在進入演算法介紹之前，為自己的大腦進行各種運算思
維如何解題的腦力熱身訓練。

1-2-1　線上軟體通關密碼

　　榮欽科技設計一個多國語言線上軟體，並以雲端教室座位表的方式進行授權，但要進入座位表前必須輸入通關密碼，用以判斷該密碼是哪一間學校、哪一種語言及提供多少人次的座位表，如以下的示意圖畫面：

　　為了確保全國所有授權學校的通關密碼的唯一性，在設置通關密碼時出現以下提示：

1. 至少包含 2 個大寫英文

2. 同時必須有數字及英文字兩種

3. 至少包含 2 個特殊字元（非英文也非數字）

4. 密碼長度 12 個字元以上

請問哪一組密碼符合條件？

(A) %$ChaoMing1234

(B) %HHChaoMing1234

(C) ABChaoMing1234

(D) %$chaoming1234

解答 **(A)**

其中選項 (B) 只有一個特殊字元，不符合條件 (3)。

其中選項 (C) 沒有任何特殊字元，不符合條件 (3)。

其中選項 (D) 沒有大寫英文字母，不符合條件 (1)。

1-2-2 三分球比賽燈號記錄器

在一項高中盃籃球的三分球比賽中看誰能於指定時間內投入 15 顆三分球，當選手投入 15 顆三分球後，就可以停止投球，並拿到神射手頭銜。所有選手投入的三分球顆數介於 0 顆到 15 顆之間，為了展現三分球投入的總數，主辦單位使用特殊的燈號來顯示目前的得分情況，燈號的顯示規則說明如下：

最下方的燈號如果亮燈代表投入 1 顆 3 分球，由下往上數的第 2 個燈號如果亮代表投入 2 顆 3 分球，由下往上數的第 3 個燈號如果亮代表投入 4 顆 3 分球，最上方燈號如果亮代表投入 8 顆 3 分球。如下圖所示：

請問下面哪一個燈號代表投入 13 顆 3 分球？

解答 (A)

1-2-3　影像字串編碼

假設圖片是由許多小方格組成，且每一小方格只有一種顏色，圖片僅有三種顏色：黑色（Black）、白色（White）、灰色（Gray）。當圖片經過編碼後會形成一串英文字母與數字交互組成的字串，每組英文字母與數字所組成的單元：數字代表該顏色連續的次數，例如：B3 表示 3 個連續的黑色（Black），W2 表示 2 個連續的白色（White），G5 表示 5 個連續的灰色（Gray）。請問以下哪一張圖片的編碼字串為 "B3W2G4B3W2G4B2G4W1"？

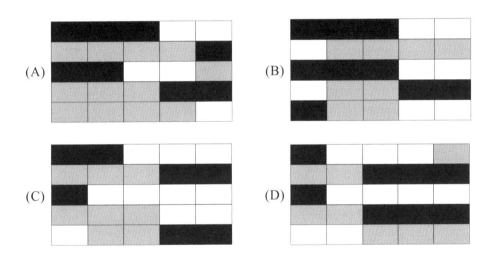

解答 (A)

1-2-4　電腦繪圖指令實作

阿燦在電腦繪圖課時，學到了 7 道指令，每道指令功能如下：

■ BT – 畫出大三角形　　■ BC – 畫出大圓形　　■ BR – 畫出大方形

■ ST – 畫出小三角形　　■ SC – 畫出小圓形　　■ SR – 畫出小方形

■ Repeat(a1 a2 a3...) b- 重複括號內所有指令 b 次，例如 Repeat(SC) 2 表示連續畫出兩個小圓形這套軟體會根據指令自動配色，每畫出一個圖形後，會自動換行。也就是說，一列中不會出現兩個以上的圖形，例如指令如下：

```
BC ST Repeat(SC SR) 2 BT
```

則該軟體隨機配色後畫出如下的圖形：

　　試問學生阿燦在練習時，畫出了右圖圖案，請問他下了哪道指令？

(A) BT Repeat (BC SR)2 BR BC

(B) BT Repeat (BC SR)2 BC BR

(C) BR Repeat (BC SR)2 BC BR

(D) BC Repeat (BC SR)2 BC BT

解答 **(B)** BT Repeat (BC SR)2 BC BR

1-2-5 炸彈超人遊戲

在一款「新無敵炸彈超人遊戲」中有 4 個玩家在不同的位置，周圍有放置炸彈，請問哪一位玩家引爆炸彈的機率最高？

(A) 第 2 列第 2 行的男玩家

(B) 第 2 列第 4 行的女玩家

(C) 第 4 列第 2 行的女玩家

(D) 第 5 列第 5 行的男玩家

解答 **(D)** 第 5 列第 5 行的男玩家

其中各選項中的玩家周圍的炸彈數量及機率分別如下：

(A) 第 2 列第 2 行的男玩家周圍的炸彈數量為 4 個，機率為 4/8。

(B) 第 2 列第 4 行的女玩家周圍的炸彈數量為 4 個，機率為 4/8。

(C) 第 4 列第 2 行的女玩家周圍的炸彈數量為 5 個，機率為 5/8。

(D) 第 5 列第 5 行的男玩家周圍的炸彈數量為 2 個，機率為 2/3。

1-3 生活中到處都是演算法

日常生活中也有許多工作都可以利用演算法來描述，例如員工的工作報告、寵物的飼養過程、廚師準備美食的食譜、學生的功課表等，甚至於連我們平時經常使用的搜尋引擎都必須藉由不斷更新演算法來運作。

< 搜尋引擎的運作也必須透過演算法 >

在韋氏辭典中將演算法定義為：「在有限步驟內解決數學問題的程式。」如果運用在計算機領域中，我們也可以把演算法定義成：「為了解決某一個工作或問題，所需要有限數目的機械性或重複性指令與計算步驟。」

1-3-1　演算法的條件

在電腦裡演算法更是不可或缺的一環，在這裡要討論包括電腦程式所常使用到演算法的概念與定義。當認識了演算法的定義後，我們還要說明描述演算法所必須符合的五個條件：

▲ 演算法的五項條件

演算法特性	內容與說明
輸入（Input）	0 個或多個輸入資料，這些輸入必須有清楚的描述或定義。
輸出（Output）	至少會有一個輸出結果，不可以沒有輸出結果。
明確性（Definiteness）	每一個指令或步驟必須是簡潔明確而不含糊的。
有限性（Finiteness）	在有限步驟後一定會結束，不會產生無窮迴路。
有效性（Effectiveness）	步驟清楚且可行，能讓使用者用紙筆計算而求出答案。

　　接著還要思考該用什麼方法來表達演算法最為適當呢？其實演算法的主要目的是在提供給人們閱讀了解所執行的工作流程與步驟，學習如何解決事情的辦法，只要能夠清楚表現演算法的五項特性即可。常用的演算法有一般文字敘述如中文、英文、數字等，特色是使用文字或語言敘述來說明演算步驟，以下就是學生小華早上上學並買早餐的簡單文字演算法：

小華早上去上學　　今天天氣很好

叫了一份精緻的　　走進早餐店
漢堡大餐

　　有些演算法是利用是可讀性高的高階語言與虛擬語言（Pseudo-Language）。以下
演算法是以 C 語言來計算所傳入的兩數 x、y 的 x^y 值函數 Pow()：

```
float Pow( float x, int y )
{
    float p = 1;
    int i;
    for( i = 1; i <= y; i++ )
    p *= x;

    return p;
}

int main(void)
{
    float x;
    int y;

    printf( "請輸入次方運算（ex.2^3）:" );
    scanf( "%f^%d", &x, &y );
    printf( "次方運算結果：%.4f\n", Pow(x, y) );
    /* 輸出與呼叫 Pow() 函數 */
}
```

　　流程圖（Flow Diagram）也是一種相當通用的演算法表示法，必須使用某些圖型符號。例如請您輸入一個數值，並判別是奇數或偶數。

　　圖形也是一種表示方式，如陣列、樹狀圖、矩陣圖等，以下是是井字遊戲的某個決策區域，下一步是 X 方下棋，很明顯的 X 方絕對不能選擇第二層的第二個下法，因為 X 必敗無疑，我們利用決策樹圖形來表示其演算法：

1-3-2　時間複雜度 O(f(n))

那麼應該怎麼評量一個演算法的好壞呢？例如程式設計師可以就某個演算法的執行步驟計數來衡量執行時間的標準，但是同樣是兩行指令：

```
a=a+1 與 a=a+0.3/0.7*10005
```

由於涉及到變數儲存型態與運算式的複雜度，所以真正絕對精確的執行時間一定不相同。不過話又說回來，如此大費周章的去考慮程式的執行時間往往窒礙難行，而且毫無意義。這時可以利用一種「概量」的觀念來做為衡量執行時間，我們就稱為「時間複雜度」（Time Complexity）。詳細定義如下：

在一個完全理想狀態下的計算機中，我們定義一個 T(n) 來表示程式執行所要花費的時間，其中 n 代表資料輸入量。當然程式的執行時間或最大執行時間（Worst Case Executing Time）作為時間複雜度的衡量標準，一般以 Big-oh 表示。

由於分析演算法的時間複雜度必須考慮它的成長比率（Rate of Growth）往往是一種函數，而時間複雜度本身也是一種「漸近表示」（Asymptotic Notation）。

O(f(n)) 可視為某演算法在電腦中所需執行時間不會超過某一常數倍的 f(n)，也就是說當某演算法的執行時間 T(n) 的時間複雜度為 O(f(n))（讀成 Big-oh of f(n) 或 Order is f(n)）。也就是存在兩個常數 c 與 n_0，則若 $n \geq n_0$，則 $T(n) \leq cf(n)$，f(n) 又稱之為執行時間的成長率，由於是寧可高估不要低估的原則，所以估計出來的函數，是真正所需執行時間的上限。請多看以下範例題，可以更了解時間複雜度的意義。

範例　假如執行時間 $T(n)=3n^3+2n^2+5n$，求時間複雜度為何？

解答　首先得找出常數 c 與 n_0，我們可以找到當 $n_0 = 0$，c=10 時，則當 $n \geq n_0$ 時，$3n^3+2n^2+5n \leq 10n^3$，因此得知時間複雜度為 $O(n^3)$。

事實上，時間複雜度只是執行次數的一個概略的量度層級，並非真實的執行次數。而 Big-oh 則是一種用來表示最壞執行時間的表現方式，它也是最常使用在描述時間複雜度的漸近式表示法。常見的 Big-oh 有下列幾種：

Big-oh	特色與說明
$O(1)$	稱為常數時間（Constant Time），表示演算法的執行時間是一個常數倍。
$O(n)$	稱為線性時間（Linear Time），執行的時間會隨資料集合的大小而線性成長。
$O(\log_2 n)$	稱為次線性時間（Sub-linear Time），成長速度比線性時間還慢，而比常數時間還快。
$O(n^2)$	稱為平方時間（Quadratic Time），演算法的執行時間會成二次方的成長。
$O(n^3)$	稱為立方時間（Cubic Time），演算法的執行時間會成三次方的成長。
$O(2^n)$	稱為指數時間（Exponential Time），演算法的執行時間會成二的 n 次方成長。例如解決 Nonpolynomial Problem 問題演算法的時間複雜度即為 $O(2^n)$。
$O(n\log_2 n)$	稱為線性乘對數時間，介於線性及二次方成長的中間之行為模式。

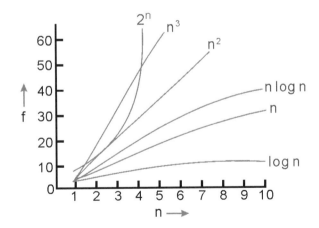

對於 $n \geq 16$ 時，時間複雜度的優劣比較關係如下：

$$O(1) < O(\log_2 n) < O(n) < O(n\log_2 n) < O(n^2) < O(n^3) < O(2^n)$$

```
╔═══════════════════════╗
   想一想，怎麼做？
╚═══════════════════════╝
```

1. 請問以下 C 程式片段是否相當嚴謹地表現出演算法的意義？

```
01   count = 0;
02   while(count < > 3)
```

2. 請問以下程式的 Big-oh 為何？

```
total=0
for i in range(1,n+1):
    total=total+i*i
```

3. 演算法必須符合哪五項條件？

4. 請問下列程式區段的迴圈部份，實際執行次數與時間複雜度？

```
for i=1 to n
    for j=i to n
        for k =j to n
        { end of k Loop }
    { end of j Loop }
{ end of i Loop }
```

5. 試證明 $f(n)=a_m n^m+...+a_1 n+a_0$，則 $f(n)=O(n^m)$。

6. 請問以下程式的 Big-oh 為何？

```
total=0;
for(i=1; i<=n ; i++)
    total=total+i*i;
```

7. 如下程式片段執行後，其中 sum=sum+1 的敘述被執行次數為？

```
sum=0
for(i=-5;i<=100;i=i+7)
    sum=sum+1;
```

8. 請問運算思維課程包含哪幾個面向？

2 地表上最常見 經典演算法

- ▷ 分治演算法
- ▷ 給我最好，其餘免談的貪心法
- ▷ 動態規劃演算法
- ▷ 不斷繞圈的疊代演算法
- ▷ 人人都有份的枚舉演算法
- ▷ 不對就回頭的回溯法

　　我們可以這樣形容，演算法就是用電腦來算數學的學問，了解這些演算法如何運作，以及他們是怎麼樣在各層面影響我們的生活。懂得善用演算法，當然是培養程式設計邏輯的很重要步驟，許多實際的問題都有多個可行的演算法來解決，但是要從中找出最佳的解決演算法卻是一個挑戰。本節中將為各位介紹一些近年來相當知名的演算法，能幫助您更加了解不同演算法的觀念與技巧，以便日後更有能力分析各種演算法的優劣。

2-1　分治演算法

　　分治法（Divide and Conquer）是很重要的演算法，我們可以應用分治法來逐一拆解複雜的問題，核心精神是將一個難以直接解決的大問題依照不同的概念，分割成兩個或更多的子問題，以便各個擊破，分而治之。以一個實際例子來說明，以下如果有 8 張很難畫的圖，我們可以分成 2 組各 4 幅畫來完成，如果還是覺得太複雜，繼續再分成 4 組，每組各 2 幅畫來完成，利用相同模式反覆分割問題，這就是最簡單的分治法核心精神。如下圖所示：

　　其實任何一個可以用程式求解的問題所需的計算時間都與其規模和複雜度有關，問題的規模越小，越容易直接求解，可以使子問題規模不斷縮小，直到這些子問題足夠簡單到可以解決，最後將各子問題的解合併得到原問題的解答。再舉個例子來說，如果你被委託製作一份企劃書，這個企劃書有 8 個章節主題，如果只靠一個人獨立完成，不僅時間會花比較久，而且有些章節的內容也有可能不是自己所專長，這個時候就可以依這 8 個章節的特性分工給 2 位專員去完成。不過為了讓企劃更快完成，又能找到適合的分類，再分別將其分割成 2 章，並分配給更多不同的專員，如此一來，每位專員只需負責其中 2 個章節，經過這樣的分配，就可以將原先的大企劃案簡化成 4 個小專案，並委託 4 位專員去完成。以此類推，上述問題的解決方案的示意圖如下：

　　分治法還可以應用在數字的分類與排序上，如果要以人工的方式將散落在地上的輸出稿，依第 1 頁整理排序到第 100 頁，你可以有兩種作法：一種作法是逐一撿起輸出稿，並逐一插入到適當的頁碼順序。但缺點是排序及整理的過程較為繁雜，而且較為花時間。

此時，我們就可以應用分治法的作法，先行將頁碼 1 到頁碼 10 放在一起，頁碼 11 到頁碼 20 放在一起，以此類推，將頁碼 91 到頁碼 100 放在一起，也就是說，將原先的 100 頁分類 10 個頁碼區間，然後再分別針對 10 堆頁碼去進行整理，最後再將頁碼由小到大群組合併起來，就可以輕易回復到原先的稿件順序，透過分治法可以讓原先複雜的問題，變成規則更簡單、數量更少、速度加速且更容易輕易解決的小問題。

2-1-1 遞迴法

遞迴是種很特殊的演算法，分治法和遞迴法很像一對孿生兄弟，都是使複雜的演算法問題的規模越來越小，最終使子問題容易求解。遞迴在早期人工智慧所用的語言。如 Lisp、Prolog 幾乎都是整個語言運作的核心，現在許多程式語言，包括 C、C++、Java、Python 等，都具備遞迴功能。簡單來說，對程式設計師的實作而言，「函數」（或稱副程式）不單純只是能夠被其他函數呼叫（或引用）的程式單元，在某些語言還提供了自身引用的功能，這種功用就是所謂的「遞迴」。

從程式語言的角度來說，談到遞迴的正式定義，我們可以正式這樣形容，假如一個函數或副程式，是由自身所定義或呼叫的，就稱為遞迴（Recursion），它至少要定義 2 種條件，包括一個可以反覆執行的遞迴過程，與一個跳出執行過程的出口。

> **TIPS**
> 「尾歸遞迴」（Tail Recursion）係指程式的最後一個指令為遞迴呼叫，因為每次呼叫後，再回到前一次呼叫的第一行指令就是 return，所以不需要再進行任何計算工作。

例如我們知道階乘函數是數學上很有名的函數，對遞迴式而言，也可以看成是很典型的範例，我們一般以符號 " ! " 來代表階乘。如 4 階乘可寫為 4!，n! 可以寫成：

```
n!=n*(n-1)*(n-2)……*1
```

再進一步分解它的運算過程，觀察出一定的規律性：

```
5! = (5 * 4!)
   = 5 * (4 * 3!)
   = 5 * 4 * (3 * 2!)
   = 5 * 4 * 3 * (2 * 1)
   = 5 * 4 * (3 * 2)
   = 5 * (4 * 6)
   = (5 * 24)
   = 120
```

以下 C++ 演算法就是以遞迴來計算所有 1~n! 的函數值，請注意其間所應用的遞迴基本條件：一個反覆的過程，以及一個跳出執行的缺口。

```
int recursive(int i)
{
    int sum;
    if(i == 0) // 遞迴終止的條件
        return(1);
    else
        sum = i * recursive(i-1); //sum=n*(n-1)!所以直接呼叫本身
    return sum;
}
```

以上遞迴應用的介紹是利用階乘函數的範例來說明遞迴式的運作，在實作遞迴時，會應用到堆疊的資料結構概念，所謂堆疊（Stack）是一群相同資料型態的組合，所有的動作均在頂端進行，具「後進先出」（LIFO, Last In First Out）的特性。寫到這裡，相信各位應該不會再對遞迴有陌生的感覺了！

我們再來看一個很有名氣的費伯那序列（Fibonacci Polynomial）求解，首先看看費伯那序列的基本定義：

$$F_n=\begin{cases} 0 & n=0 \\ 1 & n=1 \\ F_{n-1}+F_{n-2} & n=2,3,4,5,6......（n 為正整數）\end{cases}$$

　　簡單來說，就是一序列的第零項是 0、第一項是 1，其他每一個序列中項目的值是由其本身前面兩項的值相加所得。而費伯那序列的定義，也可以嘗試把它設計轉成遞迴形式：

```cpp
int fib(int n)
{
    if(n==0)return 0;
    if(n==1)
        return 1;
    else
        return fib(n-1)+fib(n-2);//遞迴引用本身 2 次
}
```

範例 **CH02_01.cpp** | 請設計一個計算第 n 項費伯那序列的遞迴程式。

```cpp
01  /*
02  [ 示範 ]:費伯那序列的遞迴程式
03  */
04  #include<iostream>
05  using namespace std;
06
07  int fib(int);    //fib() 函數的原型宣告
08
09  int main()
10  {
11      int i,n;
12      cout<<" 請輸入所要計算第幾個費式數列 :";
13      cin>>n;
14      for(i=0;i<=n;i++)  // 計算前 1n 個費氏數列
15          cout<<"fib("<<i<<")="<<fib(i)<<endl;
16      return 0;
17  }
18
19  int fib(int n)   // 定義函數 fib()
20  {
21
22      if (n==0)
23          return 0; // 如果 n=0 則傳回 0
24      else if(n==1 || n==2) // 如果 n=1 或 n=2，則傳回 1
25          return 1;
26      else          // 否則傳回 fib(n-1)+fib(n-2)
27          return (fib(n-1)+fib(n-2));
28  }
```

🔄 **執行結果**

```
請輸入所要計算第幾個費式數列:10
fib(0)=0
fib(1)=1
fib(2)=1
fib(3)=2
fib(4)=3
fib(5)=5
fib(6)=8
fib(7)=13
fib(8)=21
fib(9)=34
fib(10)=55
--------------------------------
Process exited after 2.161 seconds with return value 0
請按任意鍵繼續 . . . ■
```

2-2 給我最好，其餘免談的貪心法

貪心法（Greedy Method）又稱為貪婪演算法，方法是從某一起點開始，在每一個解決問題步驟使用貪心原則，且採取在當前狀態下最有利或最優化的選擇，不斷的改進該解答，持續在每一步驟中選擇最佳的方法，並且逐步逼近給定的目標，當達到某一步驟不能再繼續前進時，演算法停止，以盡可能快地求得更好的解。

◎ 許多大眾運輸系統都必須運用到最短路徑的理論

貪心法的精神雖然是把求解的問題分成若干個子問題，不過不能保證求得的最後解是最佳的。貪心法容易過早做決定，只能求滿足某些約束條件的可行解的範圍，不過在有些問題卻可以得到最佳解。例如用在求圖形的最小生成樹（MST）、最短路徑與霍夫曼編碼等。

科技新知，不可不知

- 機器學習（Machine Learning, ML）是大數據與人工智慧發展相當重要的一環，機器透過演算法來分析數據、在大數據中找到規則，機器學習是大數據發展的下一個進程，給予電腦大量的「訓練資料（Training Data）」，可以發掘多資料元變動因素之間的關聯性，進而自動學習並且做出預測，充分利用大數據和演算法來訓練機器，機器再從中找出規律，學習如何將資料分類。
- 霍夫曼編碼（Huffman Coding）經常用於處理資料壓縮的問題，可以根據資料出現的頻率來建構的二元霍夫曼樹。例如資料的儲存和傳輸是資料處理的二個重要領域，兩者皆和資料量的大小息息相關，而霍夫曼樹正可用來進行資料壓縮的演算法。

我們來看一個簡單的例子，假設今天去便利商店買了一罐可樂，要價 24 元，付給售貨員 100 元，你希望找的錢都是硬幣，但硬幣的數量又要最少，應該如何找錢？目前的硬幣種類有 50 元、10 元、5 元、1 元，從貪心法的策略來說，應找的錢總數是 76 元，所以一開始選擇 50 元一枚，接下來是 10 元兩枚，再來是 5 元一枚及 1 元一枚，總共五枚銅板，這個結果也確實是最佳的解答。

貪心法很也適合作為旅遊某些景點的判斷，假如我們要從下圖中的頂點 5 走到頂點 3，最短的路徑該怎麼走才好？以貪心法來說，當然是先走到頂點 1 最近，接著選擇走到頂點 2，最後從頂點 2 走到頂點 5，這樣的距離是 28，可是從下圖中我們發現直接從頂點 5 走到頂點 3 才是最短的距離，而在這種情況下，就沒辦法從貪心法規則下找到最佳的解答。

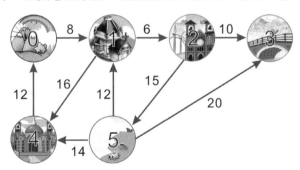

🔺 貪心法適合計算前往旅遊景點的最短路徑

2-3 動態規劃演算法

動態規劃演算邏輯（Dynamic Programming Algorithm, DPA）類似分治法，於 50 年代初由美國數學家 R. E. Bellman 所發明，用來研究多階段決策過程的優化過程與求得一個問題的最佳解。動態規劃演算邏輯主要的做法是，如果一個問題答案與子問題相關的話，就能將大問題拆解成各個小問題，其中與分治法最大不同的地方是可以讓每一個子問題的答案被儲存起來，以供下次求解時直接取用。這樣的作法不但能減少再次需要計算的時間，並可將這些解組合成大問題的解答，故使用動態規劃能解決重複計算的缺點。

動態規劃算是分治法的延伸，當遞迴分割出來的問題，一而再、再而三出現，就運用記憶法儲存這些問題，與分治法（Divide and Conquer）不同的地方在於，動態規劃多使用了記憶（Memorization）的機制，將處理過的子問題答案記錄下來，避免重複計算。

例如前面費伯那序列是用類似分治法的遞迴法，如果改用動態規劃寫法，已計算過資料而不必計算，也不會再往下遞迴，會達到增進效能的目的，例如我們想求取第 4 個費伯那數 Fib(4)，它的遞迴過程可以利用以下圖形表示：

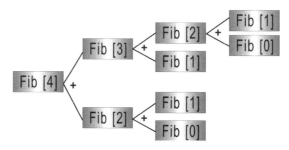

▲ 費伯那序列的遞迴執行路徑圖

從路徑圖中可以得知遞迴呼叫 9 次，而執行加法運算 4 次，Fib(1) 執行了 3 次，浪費了執行效能，我們依據動態規劃法的精神，依照這演算法可以繪製出如下的示意圖：

2-3-1 階乘函數改良演算法

前面提過動態規劃寫法的精神，已計算過資料而不必重複計算，為了達到這個目的，我們可以先設置一個用來記錄該費伯那數是否已計算過的陣列 output，該陣列中每一個元素是用來記錄已被計算過的費伯那數，不過在計算之前，該 output 陣列的初值全部設定指向空的值（以 C 語言為例為 NULL，Python 為 None），但是當該費伯那數已被計算過後，就必須將該費伯那數計算而得的值儲存到 output 陣列中，舉例來說，我們可以將 F(0) 記錄到 output[0]，F(1) 記錄到 output[2]...，以此類推。

不過每當要計算每一個費伯那數會先從 output 陣列中判斷，如果是空的值，就進行費伯那數的計算，再將計算得到的費伯那數儲存到對應索引的 output 陣列中，因此可以確保每一個費伯那數只被計算過一次。演算過程如下：

1. 第一次計算 F(0)，依照費伯那數的定義，得到數值為 0，記得將此值存入用來記錄已計算費伯那數的陣列中，即 output[0]=0。

2. 第一次計算 F(1)，依照費伯那數的定義，得到數值為 1，記得將此值存入用來記錄已計算費伯那數的陣列中，即 output[1]=1。

3. 第一次計算 F(2)，依照費伯那數的定義，得到數值為 F(1)+F(0)，因為這兩個數值都已計算過，因此可以直接計算 output[1]+ output[0]=1+0=1 記得將此值存入用來記錄已計算費伯那數的陣列中，即 output[2]=1。

4. 第一次計算 F(3)，依照費伯那數的定義，得到數值為 F(2)+F(1)，因為這兩個數值都已計算過，因此可以直接計算 output[2]+ output[1]=1+1=2 記得將此值存入用來記錄已計算費伯那數的陣列中，即 output[3]=2。

5. 第一次計算 F(4)，依照費伯那數的定義，得到數值為 F(3)+F(2)，因為這兩個數值都已計算過，因此可以直接計算 output[3]+ output[2]=2+1=3 記得將此值存入用來記錄已計算費伯那數的陣列中，即 output[4]=3。

6. 第一次計算 F(5)，依照費伯那數的定義，得到數值為 F(4)+F(3)，因為這兩個數值都已計算過，因此可以直接計算 output[4]+ output[3]=3+2=5 記得將此值存入用來記錄已計算費伯那數的陣列中，即 output[5]=5。以此類推……。

從路徑圖中可以得知遞迴呼叫 9 次，而執行加法運算 4 次，Fib(1) 與 Fib(0) 共執行了 3 次，浪費了執行效能，我們依據動態規劃法的精神，C++ 演算法可以修改如下：

```cpp
int output[1000]={0}; //Fibonacci 的暫存區

int fib(int n)
{
    int result;
    result=output[n];
    if (result==0)
    {
        if(n==0)
            return 0;
        if(n==1)
            return 1;
        else
            return (fib(n-1)+fib(n-2));
        output[n]=result;
    }
    return result;
}
```

2-4 不斷繞圈的疊代演算法

疊代法（Iterative Method）是無法使用公式一次求解，而須反覆運算，例如用迴圈去循環重複程式碼的某些部分來得到答案。

範例 **CH02_02.cpp** | 請利用 **for** 迴圈設計一個計算 **10!** 的遞迴程式。

```cpp
01  // 計算 10! 的值
02  #include <iostream>
03  #include <cstdlib>
04  using namespace std;
05
06  int main()
07  {
08      int i,sum=1;
09      for (i=1;i<=10;i++)   // 定義 for 迴圈
10      {
11          sum*=i;    //sum=sum+*i
12      }
13      cout<<i-1<<"!="<<sum<<endl;   // 印出 i 和 sum 的值
14      return 0;
15  }
```

執行結果

```
10!=3628800

-----------------------------------
Process exited after 0.1836 seconds with return value 0
請按任意鍵繼續 . . .
```

上述的例子是一種固定執行次數的疊代法，當遇到一個問題，無法一次以公式求解，又不確定要執行多少次數時，就可以使用 while 迴圈，以下範例是一個 while 迴圈的應用實例。

　　while 迴圈必須自行加入控制變數起始值以及遞增或遞減運算式，撰寫迴圈程式時必須檢查離開迴圈的條件是否存在，如果條件不存在會讓迴圈一直循環執行而無法停止，導致「無窮迴圈」。迴圈結構通常需要具備三個要件：

① 變數初始值

② 迴圈條件式

③ 調整變數增減值

　　例如下面的程式：

```
while(i<10)
{
    i++; // 執行迴圈一次則加一
    sum=i*sum;// 控制迴圈的條件式
}
cout<<i<<"!"<<"="<<sum;
```

　　當 i 小於 10 時會執行 while 迴圈內的敘述，所以 i 會加 1，直到 i 等於 10，條件式為 False，就會跳離迴圈了。

2-4-1　巴斯卡三角形演算法

　　巴斯卡（Pascal）三角形演算法基本上就是計算出每一個三角形位置的數值。在巴斯卡三角形上的每一個數字各對應一個 $_rC_n$，其中 r 代表 row（列），而 n 為 column（欄），其中 r 及 n 都由數字 0 開始。巴斯卡三角形如下：

$$_0C_0$$
$$_1C_0 \ _1C_1$$
$$_2C_0 \ _2C_1 \ _2C_2$$
$$_3C_0 \ _3C_1 \ _3C_2 \ _3C_3$$
$$_4C_0 \ _4C_1 \ _4C_2 \ _4C_3 \ _4C_4$$

巴斯卡三角形對應的數據如下圖所示：

至於如何計算三角形中的 $_rC_n$，各位可以使用以下的公式：

```
rC0 = 1
rCn = rCn-1 * (r - n + 1) / n
```

上述兩個式子所代表的意義是每一列的第 0 欄的值一定為 1。例如：$_0C_0=1$、$_1C_0=1$、$_2C_0=1$、$_3C_0=1...$，以此類推。

一旦每一列的第 0 欄元素的值為數字 1 確立後，該列的每一欄的元素值，都可以由同一列前一欄的值，依據以下公式計算得到：

```
rCn = rCn-1 * (r - n + 1) / n
```

舉例來說：

❶ 第 0 列巴斯卡三角形的求值過程：

當 r=0，n=0，即第 0 列（row=0）、第 0 欄（column=0），所對應的數字為 0。

此時的巴斯卡三角形外觀如下：

1

❷ 第 1 列巴斯卡三角形的求值過程：

當 r=1，n=0，代表第 1 列第 0 欄，所對應的數字 $_1C_0$=1。

當 r=1，n=1，即第 1 列（row=1）、第 1 欄（column=1），所對應的數字 $_1C_1$。

請代入公式 $_rC_n$=$_rC_{n-1}$*(r-n+1)/n：（其中 r=1，n=1）

可以推衍出以下的式子：

```
₁C₁ = ₁C₀ * (1 - 1 + 1) / 1=1*1=1
```

得到的結果是 $_1C_1$=1。

此時的巴斯卡三角形外觀如下：

$$
\begin{matrix} & 1 & \\ 1 & & 1 \end{matrix}
$$

❸ 第 2 列巴斯卡三角形的求值過程：

依上述的計算每一列中各元素值的求值過程，可以推得 $_2C_0$=1、$_2C_1$=2、$_2C_2$=1。

此時的巴斯卡三角形外觀如下：

$$
\begin{matrix} & & 1 & & \\ & 1 & & 1 & \\ 1 & & 2 & & 1 \end{matrix}
$$

❹ 第 3 列巴斯卡三角形的求值過程：

依上述的計算每一列中各元素值的求值過程，可以推得 $_3C_0$=1、$_3C_1$=3、$_3C_2$=3、$_3C_3$=1。

此時的巴斯卡三角形外觀如下：

$$
\begin{matrix} & & & 1 & & & \\ & & 1 & & 1 & & \\ & 1 & & 2 & & 1 & \\ 1 & & 3 & & 3 & & 1 \end{matrix}
$$

同理，可以陸續推算出第 4 列、第 5 列、第 6 列…等所有巴斯卡三角形各列的元素。

2-5 人人都有份的枚舉演算法

枚舉法又稱為窮舉法，是一種常見的數學方法，為我們在日常中使用到最多的一個演算法，核心思想是：枚舉所有的可能。根據問題要求，一一枚舉問題的解答，或者為了解決問題的方便，把問題分為不重複、不遺漏的有限種情況，一一枚舉，最終達到解決整個問題的目的。枚舉法這種分析問題、解決問題的方法，得到的結果總是正確的，枚舉演算法的缺點就是速度太慢。

例如我們想將 A 與 B 兩字串連起來，也就是將 B 字串接到 A 字串後方，就是利用將 B 字串的每一個字元，從第一個字元開始逐步連結到 A 字串的最後一個字元。

範例 CH02_03.cpp | 請設計一個程式，進行兩個字串的宣告與連結。

```
01   #include <iostream>
02
03   using namespace std;
04
05   int main()
06   {
07       char Str_1[40];
08       char Str_2[40];
09       char Str_3[80];
10       int count, s_record;
```

```
11
12          cout<<" 字串 Str_1 的內容 :";
13          cin>>Str_1;
14          cout<<" 字串 Str_2 的內容 :";
15          cin>>Str_2;
16
17          s_record=0;
18          // 把整數變數 s_record 歸 0，用來記錄 Str_3 所指的陣列元素
19
20      for (count=0; Str_1[count] != '\0'; count++, s_record++)
21          // 將 Str_1 字串複製到 Str_3
22          Str_3[s_record]=Str_1[count];
23
24      for (count=0; Str_2[count] != '\0'; count++, s_record++)
25          // 將 Str_2 字串複製到 Str_3
26          Str_3[s_record]=Str_2[count];
27
28      Str_3[s_record]='\0';
29      // 字串最後要加上 NULL 字元
30
31      cout<<" 連結後的字串 Str_3:"<<Str_3<<endl;
32      // 顯示字串連結的結果
33
34      return 0;
35  }
```

執行結果

```
字串 Str_1 的內容:birthday
字串 Str_2 的內容:cake
連結後的字串 Str_3:birthdaycake

--------------------------------
Process exited after 7.386 seconds with return value 0
請按任意鍵繼續 . . .
```

再來看一個例子，當某數 1000 依次減去 1,2,3... 直到哪一數時，相減的結果開始為負數，這是很單純的枚舉法應用，只要依序減去 1,2,3,4,5,6,7,8...?

```
1000-1-2-3-4-5-6…-? < 0
```

如果以枚舉法來求解這個問題，演算法過程如下：

$$1000-1 = 999$$
$$999-2 = 997$$
$$999-3 = 994$$
$$999-4 = 990$$
$$\vdots \quad \colon= \quad \vdots$$
$$\vdots \quad \colon= \quad \vdots$$
$$\vdots \quad \colon= \quad \vdots$$
$$139-42 = 97$$
$$97-43 = 54$$
$$54-44 = 10$$
$$10-45 = -35$$

開始產生負數，依枚舉法得知，一直到減到數字 45，相減的結果開始為負數

簡單來說，枚舉法的核心概念就是將要分析的項目在不遺漏的情況下逐一枚舉列出，再從所枚舉列出的項目中去找到自己所需要的目標物。

範例　CH02_04.cpp ┃ 請設計一個程式是以 while 迴圈來計算當某數 1000 依次減去 1,2,3... 直到哪一數時，相減的結果為負。

```cpp
01    #include <iostream>
02    #include <cstdlib>
03
04    using namespace std;
05
06    int main()
07    {
08        int x=1, sum=1000;
09        while(sum>0) //while 迴圈
10        {
11            sum-=x;
12            x++;
13        }
14        cout<<x-1<<endl;
15
16        return 0;
17    }
```

🔄 執行結果

```
45

---------------------------------
Process exited after 0.2897 seconds with return value 0
請按任意鍵繼續 . . .
```

接下來所舉的例子也很有趣，我們把 3 個相同的小球放入 A，B，C 三個小盒中，請問共有多少種不同的放法？分析枚舉法的關鍵是分類，本題分類的方法有很多，如可以分成這樣三類：3 個球放在一個盒子裡，2 個球放在一個盒子裡，另一個球放一個盒子裡，3 個球分 3 個盒子放。

第一類：3 個球放在一個盒子裡，會有以下三種可能性：

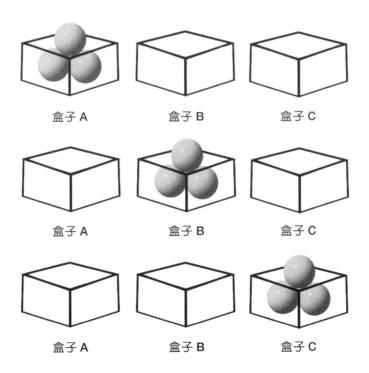

| 盒子 A | 盒子 B | 盒子 C |

| 盒子 A | 盒子 B | 盒子 C |

| 盒子 A | 盒子 B | 盒子 C |

第二類：2 個球放在一個盒子裡，另一個球放一個盒子裡，會有以下六種可能性：

第三類：3 個球分 3 個盒子放，會有以下一種可能性：

盒子 A　　　　　盒子 B　　　　　盒子 C

依據枚舉法的精神共找出上述 10 種方式。

2-5-1　質數求解演算法

　　所謂質數是一種大於 1 的數，除了自身之外，無法被其他整數整除的數，例如：2,3,5,7,11,13,17,19,23,..... 。如何快速算出質數，在此特別推薦 Eratosthenes 求質數方法。首先假設要檢查的數是 N，接著請依下列的步驟說明，就可以判斷數字 N 是否為質數？在求質數中過程，可以適時運用一些技巧以減少迴圈的檢查次數，來加速質數的判斷工作。

　　除了判斷一個數是否為質數外，另外一個衍生的問題就是如何求出小於 N 的所有質數？在此也會一併說明。

　　要求質數很簡單，這個問題可以使用迴圈將數字 N 除以所有小於它的數，若可以整除就不是質數，而且只要檢查至 N 的開根號就可以了。這是因為如果 N=A*B，如果 A 大於 N 的開根號，但在小於 A 之前就已先檢查過 B 這個數。由於開根號常會碰到浮點數精確度的問題，因此為了讓迴圈檢查的速度加快，也可以使用整數 i 及 i*i≤N 的判斷式來決定要檢查到哪一個數就停止。

範例 **CH02_05.cpp** | 請設計一個程式來求解輸入 **N** 是否為質數。

```cpp
01   #include <iostream>
02   #include <math.h>
03
04   using namespace std;
05
06   bool is_prime(int n)
07   {
08       int i=2;
09       while (i<=n)
10       {
11           if(n%i==0)  // 如果整除, i 是 n 的因數, 回傳 false
12               return false;
13           i=i+1;
14           return true;
15       }
16   }
17   int main()
18   {
19       int n;
20       cout<<" 請輸入一個大於等於 2 的數字 : ";
21       cin>>n;
22       cout<<endl;
23       if(n==2)
24       {
25           cout<<n<<" 是質數 ";
26           return 0;
27       }
28       if(is_prime(n))
29           cout<<n<<" 是質數 ";
30       else
31           cout<<n<<" 不是質數 ";
32
33       return 0;
34   }
```

執行結果

```
請輸入一個大於於2的數字: 127

127是質數
-------------------------------------
Process exited after 1.096 seconds with return value 0
請按任意鍵繼續 . . . ▄
```

2-6 不對就回頭的回溯法

回溯法（Backtracking）也算是枚舉法中的一種，對於某些問題而言，回溯法是一種可以找出所有（或一部分）解的一般性演算法，是隨時避免枚舉不正確的數值。一旦發現不正確的數值，就不遞迴至下一層，而是回溯至上一層，節省時間，這種走不通就退回再走的方式。主要是在搜尋過程中尋找問題的解，當發現已不滿足求解條件時，就回溯返回，嘗試別的路徑，避免無效搜索。

例如老鼠走迷宮就是一種「回溯法」的應用。老鼠走迷宮問題的陳述是假設把一隻大老鼠被放在一個沒有蓋子的大迷宮盒的入口處，盒中有許多牆使得大部份的路徑都被擋住而無法前進，老鼠可以依照嘗試錯誤的方法找到出口。不過這老鼠必須具備走錯路時就會重來一次並把走過的路記起來，避免重複走同樣的路，就這樣直到找到出口為止。簡單說來，老鼠行進時，必須遵守以下三個原則：

① 一次只能走一格。

② 遇到牆無法往前走時，則退回一步找找看是否有其他的路可以走。

③ 走過的路不會再走第二次。

在建立走迷宮程式前，我們先來了解如何在電腦中表現一個模擬迷宮的方式。這時可以利用二維陣列 MAZE[row][col]，並符合以下規則：

```
MAZE[i][j]=1  表示 [i][j] 處有牆，無法通過
        =0  表示 [i][j] 處無牆，可通行
MAZE[1][1] 是入口，MAZE[m][n] 是出口
```

下圖就是一個使用 10*12 二維陣列的模擬迷宮地圖表示圖：

【迷宮原始路徑】

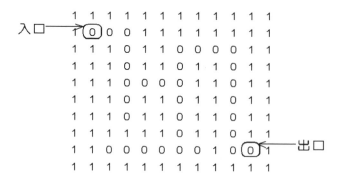

假設老鼠由左上角的 MAZE[1][1] 進入，由右下角的 MAZE[8][10] 出來，老鼠目前位置以 MAZE[x][y] 表示，那麼我們可以將老鼠可能移動的方向表示如下：

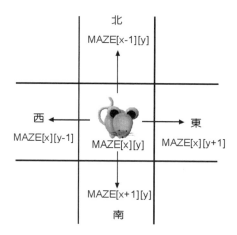

如上圖所示，老鼠可以選擇的方向共有四個，分別為東、西、南、北。但並非每個位置都有四個方向可以選擇，必須視情況來決定，例如 T 字型的路口，就只有東、西、南三個方向可以選擇。

我們可以記錄走過的位置，並且將走過的位置的陣列元素內容標示為 2，然後將這個位置放入堆疊再進行下一次的選擇。如果走到死巷子並且還沒有抵達終點，那麼就必須退出上一個位置，並退回去直到回到上一個叉路後再選擇其他的路。由於每次新加入的位置必定會在堆疊的最末端，因此堆疊末端指標所指的方格編號便是目前搜尋迷宮出口的老鼠所在的位置。如此一直重複這些動作直到走到出口為止。

　　例如下圖是以小球來代表迷宮中的老鼠：

在迷宮中搜尋出口　　　　　終於找到迷宮出口

　　上述的迷宮搜尋概念，可利用以下的 C++ 演算法來加以描述：

```
if(上一格可走)
{
    加入方格編號到堆疊;
    往上走;
    判斷是否為出口;
}
else if(下一格可走)
{
    加入方格編號到堆疊;
    往下走;
    判斷是否為出口;
}
else if(左一格可走)
{
    加入方格編號到堆疊;
    往左走;
    判斷是否為出口;
}
```

```
else if(右一格可走)
{
    加入方格編號到堆疊;
    往右走;
    判斷是否為出口;
}
else
{
    從堆疊刪除一方格編號;
    從堆疊中取出一方格編號;
    往回走;
}
```

　　上面的演算法是每次進行移動時所執行的內容,其主要是判斷目前所在位置的上、下、左、右是否有可以前進的方格,若找到可移動的方格,便將該方格的編號加入到記錄移動路徑的堆疊中,並往該方格移動,而當四周沒有可走的方格時(第25行),也就是目前所在的方格無法走出迷宮,必須退回前一格重新再來檢查是否有其他可走的路徑,所以在上面演算法中的第27行會將目前所在位置的方格編號從堆疊中刪除,之後第28行再取出的就是前一次所走過的方格編號。

範例 **CH02_06.cpp** ▍ 請設計一個 C++ 程式,使用串列堆疊來找出老鼠走迷宮的路線,1 表示該處有牆無法通過,0 表示 **[i][j]** 處無牆可通行,並且將走過的位置的陣列元素內容標示為 **2**。

```
01    #include <iostream>
02    #define EAST   MAZE[x][y+1]    // 定義東方的相對位置
03    #define WEST   MAZE[x][y-1]    // 定義西方的相對位置
04    #define SOUTH  MAZE[x+1][y]    // 定義南方的相對位置
05    #define NORTH  MAZE[x-1][y]    // 定義北方的相對位置
06    using namespace std;
07    const int ExitX = 8;       // 定義出口的 X 座標在第八列
08    const int ExitY = 10;      // 定義出口的 Y 座標在第十行
09    struct list
10    {
11        int x,y;
12        struct list* next;
13    };
14    typedef struct list node;
```

```
15  typedef node* link;
16  int MAZE[10][12] = {1,1,1,1,1,1,1,1,1,1,1,1,// 宣告迷宮陣列
17                      1,0,0,0,1,1,1,1,1,1,1,1,
18                      1,1,1,0,1,1,0,0,0,0,1,1,
19                      1,1,1,0,1,1,0,1,1,0,1,1,
20                      1,1,1,0,0,0,0,1,1,0,1,1,
21                      1,1,1,0,1,1,0,1,1,0,1,1,
22                      1,1,1,0,1,1,0,1,1,0,1,1,
23                      1,1,1,1,1,1,0,1,1,0,1,1,
24                      1,1,0,0,0,0,0,0,1,0,0,1,
25                      1,1,1,1,1,1,1,1,1,1,1,1};
26  link push(link stack,int x,int y);
27  link pop(link stack,int* x,int* y);
28  int chkExit(int ,int ,int,int);
29  int main(void)
30  {
31      int i,j;
32      link path = NULL;
33      int x=1;     // 入口的 X 座標
34      int y=1;     // 入口的 Y 座標
35      cout<<"[ 迷宮的路徑 (0 的部分 )]"<<endl; // 印出迷宮的路徑圖
36      for(i=0;i<10;i++)
37      {
38          for(j=0;j<12;j++)
39              cout<<MAZE[i][j]<<" ";
40          cout<<endl;
41      }
42      while(x<=ExitX&&y<=ExitY)
43      {
44          MAZE[x][y]=2;
45          if(NORTH==0)
46          {
47              x -= 1;
48              path=push(path,x,y);
49          }
50          else if(SOUTH==0)
51          {
52              x+=1;
53              path=push(path,x,y);
54          }
55          else if(WEST==0)
56          {
57              y-=1;
58              path=push(path,x,y);
59          }
60          else if(EAST==0)
```

```
61              {
62                  y+=1;
63                  path=push(path,x,y);
64              }
65              else if(chkExit(x,y,ExitX,ExitY)==1)  // 檢查是否走到出口了
66                  break;
67              else
68              {
69                  MAZE[x][y]=2;
70                  path=pop(path,&x,&y);
71              }
72          }
73          cout<<"[ 老鼠走過的路徑 (2 的部分 )]"<<endl;  // 印出老鼠走完迷宮後的路徑圖
74          for(i=0;i<10;i++)
75          {
76              for(j=0;j<12;j++)
77                  cout<<MAZE[i][j]<<" ";
78              cout<<endl;
79          }
80
81          return 0;
82      }
83      link push(link stack,int x,int y)
84      {
85          link newnode;
86          newnode = new node;
87          if(!newnode)
88          {
89              cout<<"Error! 記憶體配置失敗 !"<<endl;
90              return NULL;
91          }
92          newnode->x=x;
93          newnode->y=y;
94          newnode->next=stack;
95          stack=newnode;
96          return stack;
97      }
98      link pop(link stack,int* x,int* y)
99      {
100         link top;
101         if(stack!=NULL)
102         {
103             top=stack;
104             stack=stack->next;
105             *x=top->x;
106             *y=top->y;
```

```
107        delete top;
108        return stack;
109    }
110    else
111        *x=-1;
112    return stack;
113 }
114 int chkExit(int x,int y,int ex,int ey)
115 {
116    if(x==ex&&y==ey)
117    {
118        if(NORTH==1||SOUTH==1||WEST==1||EAST==2)
119            return 1;
120        if(NORTH==1||SOUTH==1||WEST==2||EAST==1)
121            return 1;
122        if(NORTH==1||SOUTH==2||WEST==1||EAST==1)
123            return 1;
124        if(NORTH==2||SOUTH==1||WEST==1||EAST==1)
125            return 1;
126    }
127    return 0;
128 }
```

執行結果

```
[迷宮的路徑<0的部分>]
1 1 1 1 1 1 1 1 1 1 1
1 0 0 0 1 1 1 1 1 1 1
1 1 1 0 1 1 0 0 0 0 1 1
1 1 1 0 1 1 0 1 1 0 1 1
1 1 1 0 0 0 0 1 1 0 1 1
1 1 1 0 1 1 0 1 1 0 1 1
1 1 1 0 1 1 0 1 1 0 1 1
1 1 1 1 1 1 0 1 1 0 1 1
1 1 0 0 0 0 0 0 1 0 0 1
1 1 1 1 1 1 1 1 1 1 1
[老鼠走過的路徑<2的部分>]
1 1 1 1 1 1 1 1 1 1 1
1 2 2 2 1 1 1 1 1 1 1
1 1 1 2 1 1 2 2 2 2 1 1
1 1 1 2 1 1 2 1 1 2 1 1
1 1 1 2 2 2 2 1 1 2 1 1
1 1 1 2 1 1 0 1 1 2 1 1
1 1 1 2 1 1 0 1 1 2 1 1
1 1 1 1 1 1 0 1 1 2 1 1
1 1 0 0 0 0 0 0 1 2 2 1
1 1 1 1 1 1 1 1 1 1 1
請按任意鍵繼續 . . .
```

想一想,怎麼做?

1. 試簡述分治法的核心精神。

2. 遞迴至少要定義哪兩種條件?

3. 試簡述貪心法的主要核心概念。

4. 簡述動態規劃法與分治法的差異。

5. 什麼是疊代法,請簡述之。

6. 枚舉法的核心概念是什麼?試簡述之。

7. 回溯法的核心概念是什麼?試簡述之。

3 超人氣
資料結構簡介

▷ 認識資料結構

▷ 資料結構的種類

▷ 盤根錯節的樹狀結構

▷ 學會藏寶圖的密技 - 圖形簡介

▷ 雜湊表

　　人們當初試圖建造電腦的主要原因之一，主要就是用來儲存及管理一些數位化資料清單與資料，這也是資料結構觀念的由來。當我們要求電腦解決問題時，必須以電腦了解的模式來描述問題，資料結構是資料的表示法，也就是指電腦中儲存資料的方法。

△ 寫程式就像蓋房子一樣，要先規劃出房子的結構圖

　　簡單來說，資料結構的定義就是一種輔助程式設計最佳化的方法論，它不僅討論到儲存的資料，同時也考慮到彼此之間的關係與運算，使達到加快執行速度與減少記憶體佔用空間等功用。

△ 圖書館的書籍管理即是資料結構的應用

3-1 認識資料結構

　　資訊科技發達的今日，我們每天的生活已經和電腦產生密切的結合，尤其電腦與資訊是息息相關的，因為電腦處理速度快與儲存容量大的兩大特點，在資料處理的角色上更是舉足輕重。資料結構無疑就是資料進入電腦化處理的一套完整邏輯。就像程式設計師必須選擇一種資料結構來進行資料的新增、修改、刪除、儲存等動作，如果在選擇資料結構時作了錯誤的決定，那程式執行起來的速度將可能變得非常沒有效率，甚至如果選錯了資料型態，那後果更是不堪設想。

　　例如醫院會將事先設計好的個人病歷表格準備好，當有新病患上門時，就請他們自行填寫，之後管理人員可能依照某種次序，例如姓氏或是年齡將病歷表加以分類，然後用資料夾或檔案櫃加以收藏。日後當某位病患回診時，只要詢問病患的姓名或是年齡，管理人員即可快速地從資料夾或檔案櫃中找出病患的病歷表，而這個檔案櫃中所存放的病歷表就是資料結構概念的應用。

🔺 病歷表也是資料結構的概念

以下「資料表」的資料結構就是一種二維的矩陣，縱的方向稱為「欄」（Column），橫的方向稱為「列」（Row），每一張資料表的最上面一列用來放資料項目名稱，稱為「欄位名稱」（Field Name），而除了欄位名稱這一列外，通通都用來存放一項項資料，則稱為「值」（Value），如下表所示：

姓名	性別	生日	職稱	薪資
李正衛	男	61/01/31	總裁	200,000.0
劉文沖	男	62/03/18	總經理	150,000.0
林大牆	男	63/08/23	業務經理	100,000.0
廖鳳茗	女	59/03/21	行政經理	100,000.0
何美菱	女	64/01/08	行政副理	80,000.0
周碧豫	女	66/06/07	秘書	40,000.0

欄位　欄位名稱　列（記錄）　值

3-1-1　資料與資訊

談到資料結構，首先就必須了解何謂資料（Data）與資訊（Information）。從字義上來看，所謂資料（Data），指的就是一種未經處理的原始文字（Word）、數字（Number）、符號（Symbol）或圖形（Graph）等，我們可將資料分為兩大類，一為數值資料（Numeric Data），例如由 0, 1, 2, 3...9 所組成，可用運算子（Operator）來做運算的資料，另一類為文數資料（Alphanumeric Data），像 A, B, C...+,* 等非數值資料（Non-numeric Data）。例如姓名或我們常看到的課表、通訊錄等等都可泛稱是一種「資料」（Data）。

資訊即是利用大量的資料，經過有系統的整理、分析、篩選處理而提煉出來的，而且具有參考價格及提供決策依據的文字、數字、符號或圖表。在近代的「資訊革命」洪潮中，如何掌握資訊、利用資訊，可以說是個人或事業體發展成功的重要原因。因為電腦的充分配合，更能使資訊的價值發揮到淋漓盡致的境界。

　　不過各位可能會有疑問：「資料和資訊的角色是否絕對一成不變？」。這倒也不一定，同一份文件可能在某種狀況下為資料，而在另一種狀況下則為資訊。例如台北市每週的平均氣溫是 25℃，這段文字僅是陳述事實的一種資料，我們並無法判定台北市是否是一個炎熱或涼爽的都市。

　　例如一個學生的國文成績是 90 分，我們可以說這是一筆成績的資料，不過無法判斷它具備任何意義。但若經過某些如排序（Sorting）的處理，就可以知道這學生國文成績在班上同學中的名次，也就是清楚在這班學生中的相對好壞，這就是一種資訊，而排序就是資料結構的一種應用。

　　資料結構主要是表示資料在電腦記憶體中所儲存的位置和模式，通常可以區分為以下三種型態。

🔍 基本資料型態（Primitive Data Type）

　　不能以其他型態來定義的資料型態，或稱為純量資料型態（Scalar Data Type），幾乎所有的程式語言都會提供一組基本資料，例如 Python 語言中的基本資料型態，就包括了整數、浮點、布林（Bool）資料型態及字串。

🔍 結構化資料型態（Structured Data Type）

　　或稱為虛擬資料型態（Virtual Data Type），是一種比基本資料型態更高一層的資料型態，例如字串（String）、陣列（Array）、指標（Pointer）、串列（List）、檔案（File）等。

抽象資料型態（Abstract Data Type, ADT）

對一種資料型態而言，我們可以將其看成是一種值的集合，以及在這些值上所作的運算與本身所代表的屬性所成的集合。「抽象資料型態」所代表的意義便是定義這種資料型態所具備的數學關係。亦即 ADT 在電腦中是表示一種「資訊隱藏」（Information Hiding）的精神與某一種特定的關係模式。例如堆疊（Stack）是一種後進先出（Last In, First Out）的資料運作方式，就是很典型的 ADT 模式。

3-2 資料結構的種類

資料結構可透過程式語言所提供的資料型別、參照及其他操作加以實作，我們知道一個程式能否快速而有效率的完成預定的任務，取決於是否選對了資料結構，而程式是

否能清楚而正確的把問題解決，則取決於演算法。因此可以直接這麼說：「資料結構加上演算法等於有效率的可執行的程式。」

不同種類的資料結構適合於不同種類的應用，選擇適當的資料結構是讓演算法發揮最大效能的主要考慮因素，精心選擇的資料結構可以帶來最優效率的演算法。然而，不管是哪種情況，資料結構的選擇都是至關重要的。以下介紹一些常見的資料結構。

3-2-1 陣列

「陣列」（Array）結構就是一排緊密相鄰的可數記憶體，並提供一個能夠直接存取單一資料內容的計算方法。各位其實可以想像成住家前面的信箱，每個信箱都有住址，其中路名就是名稱，而信箱號碼就是索引，郵差可以依照傳遞信件上的住址，把信件直接投遞到指定的信箱中。這就好比程式語言中陣列的名稱代表一塊緊密相鄰記憶體的起始位置，而陣列的索引功能則是用來表示從此記憶體起始位置的第幾個區塊。

陣列型態就是典型的靜態資料結構，是一種將有序串列的資料使用連續記憶空間（Contiguous Allocation）來儲存。靜態資料結構的記憶體配置是在編譯時，就必須配置給相關的變數，因此在建立初期，必須事先宣告最大可能的固定記憶空間，而容易造成記憶體的浪費，但優點是設計時相當簡單，讀取與修改串列中任一元素的時間都固定，缺點則是刪除或加入資料時，需要移動大量的資料。

　　陣列可以算是一群相同名稱與資料型態的集合，並且在記憶體中佔有一塊連續的記憶體空間。通常陣列的使用可以區分為一維陣列、二維陣列與多維陣列等等，其基本的運作原理都相同。如果想要存取陣列中的資料時，則配合索引值（Index）尋找出資料在陣列的位置。如右圖中的 Array_Name 一維陣列，即代表擁有 5 筆相同資料的陣列。藉由名稱 Array_Name 與索引值，即可方便的存取這 5 筆資料。

　　至於二維陣列（Two-dimensional Array）可視為一維陣列的延伸，都是處理相同資料型態的資料，差別只在於維度的宣告。例如一個含有 m*n 個元素的二維陣列 A(1:m, 1:n)，m 代表列數，n 代表行數，各個元素在直觀平面上的排列方式如下矩陣，A[4][4] 陣列中各個元素在直觀平面上的排列方式如下：

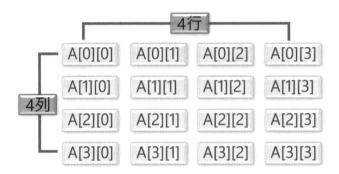

範例 CH03_01.cpp ┃ 請利用二維陣列的方式來設計一個求二階行列式的程

式。二階行列式的計算公式為：

$$\triangle = \begin{vmatrix} a1 & b1 \\ a2 & b2 \end{vmatrix} = a1*b2-a2*b1$$

```cpp
01   #include <iostream>
02   #include <cstdlib>
03   using namespace std;
04
05   int main()
06   {
07       int arr[2][2];
08       int sum;
09       cout << "|a1 b1|\n";
10       cout << "|a2 b2|\n";
11       cout << "請輸入 a1:";
12       cin >> arr[0][0];
13       cout << "請輸入 b1:";
14       cin >> arr[0][1];
15       cout << "請輸入 a2:";
16       cin >> arr[1][0];
17       cout << "請輸入 b2:";
18       cin >> arr[1][1];
19       sum = arr[0][0]*arr[1][1]-arr[0][1]*arr[1][0];// 求二階行列式的值
20       cout << "|" << arr[0][0] << " " << arr[0][1] << "|\n";
21       cout << "|" << arr[1][0] << " " << arr[1][1] << "| = ";
```

```
22      cout << sum <<endl;
23
24      return 0;
25   }
```

⟳ 執行結果

```
¦a1 b1¦
¦a2 b2¦
請輸入a1:6
請輸入b1:4
請輸入a2:4
請輸入b2:1
¦6 4¦
¦4 1¦ = -10

------------------------------------
Process exited after 8.158 seconds with return value 0
請按任意鍵繼續 . . .
```

三維陣列的表示法和二維陣列一樣，都可視為是一維陣列的延伸，如果陣列為三維陣列時，可以看作是一個立方體。右圖是將 arr[2][3][4] 三維陣列想像成空間上的立方體圖形：

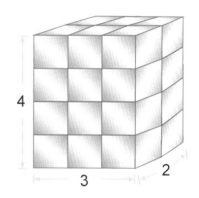

3-2-2　鏈結串列

鏈結串列（Linked List）是由許多相同資料型態的項目，依照特定順序排列而成的線性串列，特性是在電腦記憶體中的位置是以不連續、隨機（Random）的方式儲存，優點是資料的插入或刪除都相當方便。當有新資料加入就向系統要一塊記憶體空間，資料刪除後，就把空間還給系統，不需要移動大量資料。

日常生活中有許多鏈結串列的抽象運用，例如把鏈結串列想像成自強號火車，有多少人就掛多少節的車廂，當假日人多時，需要較多車廂時，可多掛些車廂，人少了就把車廂數量減少，作法十分彈性。

在動態配置記憶體空間時，最常使用的就是「單向鏈結串列」（Single Linked List）。基本上，一個單向鏈結串列節點是由資料欄及指標欄（或稱鏈結欄位）組成，而指標欄將會指向下一個元素的記憶體所在位置。如右圖所示：

1	資料欄位
2	鏈結欄位

在「單向鏈結串列」中第一個節點是「串列指標首」，而指向最後一個節點的鏈結欄位設為 NULL，表示它是「串列指標尾」，代表不指向任何地方。例如串列 A={a, b, c, d, x}，其單向鏈結串列資料結構如下：

由於串列中所有節點都知道節點本身的下一個節點在那裡，但是對於前一個節點卻沒有辦法知道，所以在串列的各種動作中，「串列指標首」就顯得相當重要，只要有串列首存在，就可以對整個串列進行走訪、加入及刪除節點等動作，並且除非必要否則不可移動串列指標首。

3-2-3 堆疊

堆疊（Stack）是一群相同資料型態的組合，所有的動作都在頂端進行，具有「後進先出」（LIFO, Last In First Out）的特性。所謂後進先出，其實就如同自助餐的餐盤由桌面往上一個一個疊放，且取用時由最上面先拿，這就是一種典型堆疊概念的應用。

🔺 自助餐的餐盤存取就是一種堆疊的應用

由於堆疊是一種抽象型資料結構，它有下列特性：

① 只能從堆疊的頂端存取資料。

② 資料的存取符合「後進先出」（LIFO, Last In First Out）的原則。

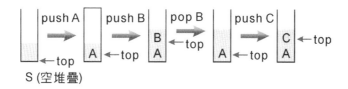

堆疊的基本運算可以具備以下五種工作定義：

create	建立一個空堆疊。
push	存放頂端資料，並傳回新堆疊。
pop	刪除頂端資料，並傳回新堆疊。
isEmpty	判斷堆疊是否為空堆疊，是則傳回 True，不是則傳回 False。
full	判斷堆疊是否已滿，是則傳回 True，不是則傳回 False。

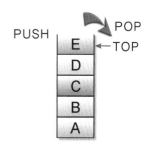

3-2-4 佇列

佇列（Queue）和堆疊都是一種有序串列，也屬於抽象型資料型態，它所有加入與刪除的動作都發生在不同的兩端，並且符合 First In, First Out（先進先出）的特性。佇列的觀念就好比搭捷運時，先到的人當然可以優先搭捷運，而隊伍的後端又陸續有新的乘客加入排隊。

▲ 搭乘捷運的隊伍就是佇列原理的應用

佇列在電腦領域的應用也相當廣泛，例如計算機的模擬（Simulation）、CPU 的工作排程（Job Scheduling）、線上同時周邊作業系統的應用與圖形走訪的先廣後深搜尋法（BFS）。堆疊只需一個 top，指標指向堆疊頂，而佇列則必須使用 front 和 rear 兩個指標分別指向前端和尾端，如下圖所示：

由於佇列是一種抽象型資料結構，它有下列特性：

① 具有先進先出（**FIFO**）的特性。

② 擁有兩種基本動作加入與刪除，而且使用 **front** 與 **rear** 兩個指標來分別指向佇列的前端與尾端。

佇列的基本運算可以具備以下五種工作定義：

create	建立空佇列。
add	將新資料加入佇列的尾端，傳回新佇列。
delete	刪除佇列前端的資料，傳回新佇列。

front	傳回佇列前端的值。
empty	若佇列為空集合，傳回真，否則傳回偽。

3-3 盤根錯節的樹狀結構

　　樹狀結構是一種日常生活中應用相當廣泛的非線性結構，舉凡從企業內的組織架構、家族內的族譜、籃球賽程、公司組織圖等，再到電腦領域中的作業系統與資料庫管理系統都是樹狀結構的衍生運用。

⚛ Windows 的檔案總管是以樹狀結構儲存各種資料檔案

　　例如現在年輕人喜愛的大型線上遊戲中，需要取得某些物體所在的地形資訊，如果程式是依次從構成地形的模型三角面尋找，往往會耗費許多執行時間，非常沒有效率。因此一般程式設計師就會使用樹狀結構中的二元空間分割樹（BSP Tree）、四元樹（Quadtree）、八元樹（Octree）等來分割場景資料。

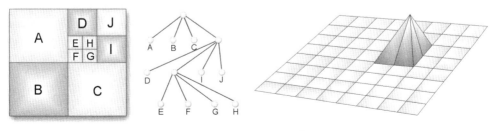

⚛ 四元樹示意圖　　　　　　　⚛ 地形與四元樹的對應關係

3-3-1　樹的基本觀念

「樹」（Tree）是由一個或一個以上的節點（Node）組成，其中存在一個特殊的節點，稱為樹根（Root），每個節點可代表一些資料和指標組合而成的記錄。其餘節點則可分為 n≥0 個互斥的集合，即是 $T_1,T_2,T_3...T_n$，則每一個子集合本身也是一種樹狀結構及此根節點的子樹。例如右圖：

A為根節點，B、C、D、E均為 A 的子節點

一棵合法的樹，節點間可以互相連結，但不能形成無出口的迴圈。下圖就是一棵不合法的樹：

在樹狀結構中，有許多常用的專有名詞，我們利用下圖中這棵合法的樹，來簡單介紹：

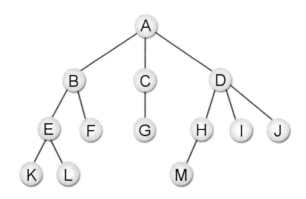

- **分支度（Degree）**：每個節點所有的子樹個數。例如上圖中節點 B 的分支為 2，D 的分支度為 3，F、K、I、J 等為 0。

- **階層或階度（Level）**：樹的層級，假設樹根 A 為第一階層，BCD 節點即為階層 2，E、F、G、H、I、J 為階層 3。

- **高度（Height）**：樹的最大階度。例如上圖的樹高度為 4。

- **樹葉或稱終端節點（Terminal Nodes）**：分支度為零的節點，如上圖中的 K、L、F、G、M、I、J，下圖則有 4 個樹葉節點，如 ECHI：

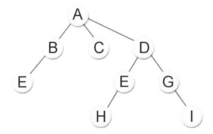

- **父節點（Parent）**：每一個節點有連結的上一層節點為父節點，例如 F 的父點為 B，M 的父點為 H，通常在繪製樹狀圖時，我們會將父節點畫在子節點的上方。

- **子節點（Children）**：每一個節點有連結的下一層節點為子節點，例如 A 的子點為 B、C、D，B 的子點為 E、F。

- **祖先（Ancestor）和子孫（Descendent）**：所謂祖先，是指從樹根到該節點路徑上所包含的節點，而子孫則是在該節點往上追溯子樹中的任一節點。例如 K 的祖先為 A、B、E 節點，H 的祖先為 A、D 節點，節點 B 的子孫為 E、F、K、L。

- **兄弟節點（Siblings）**：有共同父節點的節點為兄弟節點，例如 B、C、D 為兄弟，H、I、J 也為兄弟。

- **非終端節點（Nonterminal Nodes）**：樹葉以外的節點，如 A、B、C、D、E、H 等。

- **同代（Generation）**：具有相同階層數的節點，例如 E、F、G、H、I、J，或是 B、C、D。

■ 樹林（Forest）：是由 n 個互斥樹的集合 (n≥0)，移去樹根即為樹林。例如下圖就為包含三棵樹的樹林。

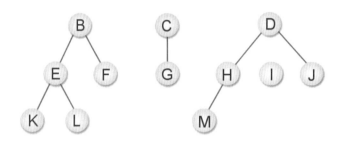

3-3-2 二元樹

由於一般樹狀結構在電腦記憶體中的儲存方式是以鏈結串列（Linked List）為主。不過對於 n 元樹（n-way 樹）來說，因為每個節點的分支度都不相同，所以為了方便起見，我們必須取 n 為鏈結個數的最大固定長度，而每個節點的資料結構如下：

data	link$_1$	link$_2$		link$_n$

在此請各位特別注意，那就是這種 n 元樹十分浪費鏈結空間。假設此 n 元樹有 m 個節點，那麼此樹共用了 n*m 個鏈結欄位。另外因為除了樹根外，每一個非空鏈結都指向一個節點，所以得知空鏈結個數為 n*m-(m-1)=m*(n-1)+1，而 n 元樹的鏈結浪費率為 $\frac{m*(n-1)+1}{m*n}$。因此我們可以得到以下結論：

n=2 時，2 元樹的鏈結浪費率約為 1/2

n=3 時，3 元樹的鏈結浪費率約為 2/3

n=4 時，4 元樹的鏈結浪費率約為 3/4

……………

當 n=2 時，它的鏈結浪費率最低，所以為了改進記憶空間浪費的缺點，我們最常使用二元樹（Binary Tree）結構來取代樹狀結構。

二元樹（又稱 knuth 樹）是一個由有限節點所組成的集合，此集合可以為空集合，或由一個樹根及左右兩個子樹所組成。簡單的說，二元樹最多只能有兩個子節點，就是分支度小於或等於 2。其電腦中的資料結構如右圖所示。

LLINK	Data	RLINK

至於二元樹和一般樹的不同之處，我們整理如下：

① 樹不可為空集合，但是二元樹可以。

② 樹的分支度為 d≥0，但二元樹的節點分支度為 0≤d≤2。

③ 樹的子樹間沒有次序關係，二元樹則有。

以下來看一棵實際的二元樹，如右圖所示：

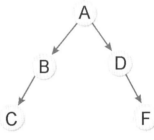

上圖是以 A 為根節點的二元樹，且包含了以 B、D 為根節點的兩棵互斥的左子樹與右子樹。

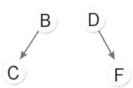

以上這兩個左右子樹都是屬於同一種樹狀結構，不過卻是二棵不同的二元樹結構，原因就是二元樹必須考慮到前後次序關係。

3-4 學會藏寶圖的密技 - 圖形簡介

我們可以這樣形容：樹狀結構是描述節點與節點之間「層次」的關係，但是圖形結構卻是討論兩個頂點之間「相連與否」的關係，在圖形中連接兩頂點的邊若填上加權值（也可以稱為花費值），這類圖形就稱為「網路」。

　　圖形理論起源於 1736 年，是瑞士數學家尤拉
（Euler）為了解決「肯尼茲堡橋梁」問題所想出
來的一種資料結構理論，即著名的七橋理論。尤拉
所思考的問題是這樣的，有七座橫跨四個城市的
大橋，「是否有人在只經過每一座橋梁一次的情況
下，把所有地方走過一次而且回到原點。」

🔺 圖形的應用在生活中非常普遍

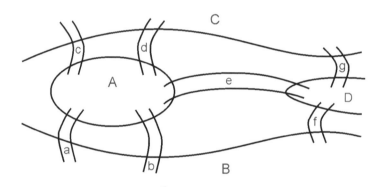

　　尤拉當時使用的方法就是以圖形結構進行分
析。他先以頂點表示土地，以邊表示橋梁，並定
義連接每個頂點的邊數稱為該頂點的分支度。我
們以右邊簡圖來表示「肯尼茲堡橋梁」問題：

　　最後尤拉找到一個結論：「當所有頂點的分支
度皆為偶數時，才能從某頂點出發，經過每一邊
一次，再回到起點。」也就是說，在上圖中每個頂

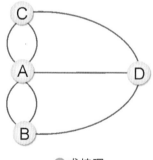

🔺 尤拉環

點的分支度都是奇數，所以尤拉所思考的問題是不可能發生的，這個理論就是有名
的「尤拉環」（Eulerian Cycle）理論。

但如果條件改成從某頂點出發，經過每邊一次，不一定要回到起點，亦即只允許其中兩個頂點的分支度是奇數，其餘則必須全部為偶數，符合這樣的結果就稱為尤拉鏈（Eulerian Chain）。

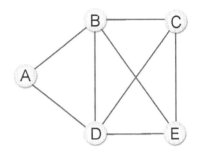

3-4-1　圖形的定義

圖形是由「頂點」和「邊」所組成的集合，通常用 G=(V,E) 來表示，其中 V 是所有頂點所成的集合，而 E 代表所有邊所成的集合。圖形的種類有兩種：無向圖形與有向圖形，無向圖形以 (V_1,V_2) 表示，有向圖形則以 $<V_1,V_2>$ 表示其邊線。

🔍 無向圖形

無向圖形（Graph）是一種具備同邊的兩個頂點沒有次序關係，例如 (V_1,V_2) 與 (V_2,V_1) 是代表相同的邊。如右圖所示：

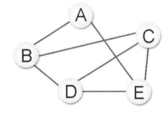

```
V={A,B,C,D,E}
E={(A,B),(A,E),(B,C),(B,D),(C,D),(C,E),(D,E)}
```

🔍 有向圖形

有向圖形（Digraph）是一種每一個邊都可使用有序對 $<V_1,V_2>$ 來表示，並且 $<V_1,V_2>$ 與 $<V_2,V_1>$ 是表示兩個方向不同的邊，而所謂 $<V_1,V_2>$，是指 V_1 為尾端指向為頭部的 V_2。如右圖所示：

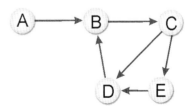

```
V={A,B,C,D,E}
E={<A,B>,<B,C>,<C,D>,<C,E>,<E,D>,<D,B>}
```

3-5 雜湊表

雜湊表是一種儲存記錄的連續記憶體,能透過雜湊函數的應用,快速存取與搜尋資料。所謂雜湊函數(Hash Function)就是將本身的鍵值,經由特定的數學函數運算或使用其他的方法,轉換成相對應的資料儲存位址。

現在先來介紹有關雜湊函數的相關名詞:

- **bucket(桶)**:雜湊表中儲存資料的位置,每一個位置對應到唯一的一個位址(Bucket Address),桶就好比一筆記錄。

- **slot(槽)**:每一筆記錄中可能包含好幾個欄位,而 slot 指的就是「桶」中的欄位。

- **collision(碰撞)**:若兩筆不同的資料,經過雜湊函數運算後,對應到相同的位址時,稱為碰撞。

- **溢位**:如果資料經過雜湊函數運算後,所對應到的 bucket 已滿,則會使 bucket 發生溢位。

- **雜湊表**:儲存記錄的連續記憶體。雜湊表是一種類似資料表的索引表格,其中可分為 n 個 bucket,每個 bucket 又可分為 m 個 slot,如下圖所示:

索引	姓名	電話
0001	Allen	07-773-1234
0002	Jacky	07-773-5525
0003	May	07-773-6604

bucket →（位於 0001 列左側）

↑ slot　　　↑ slot

- **同義字（Synonym）**：當兩個識別字 I_1 及 I_2，經雜湊函數運算後所得的數值相同，即 $f(I_1)=f(I_2)$，則稱 I_1 與 I_2 對於 f 這個雜湊函數是同義字。

- **載入密度（Loading Factor）**：所謂載入密度是指識別字的使用數目除以雜湊表內槽的總數：

$$\alpha\,(載入密度) = \frac{n\,(識別字的使用數目)}{s\,(每一個桶內的槽數) * b\,(桶的數目)}$$

如果 α 值愈大則表示雜湊空間的使用率越高，碰撞或溢位的機率會越高。

- **完美雜湊（Perfect Hashing）**：指沒有碰撞又沒有溢位的雜湊函數。

在此建議各位，通常在設計雜湊函數應該遵循以下幾個原則：

① 降低碰撞及溢位的產生。

② 雜湊函數不宜過於複雜，越容易計算越佳。

③ 儘量把文字的鍵值轉換成數字的鍵值，以利雜湊函數的運算。

④ 所設計的雜湊函數計算而得的值，儘量能均勻地分佈在每一桶中，不要太過於集中在某些桶內，這樣就可以降低碰撞，並減少溢位的處理。

1. 試解釋抽象資料型態（Abstract Data Type）。

2. 簡述資料與資訊的差異。

3. 資料結構主要是表示資料在電腦記憶體中所儲存的位置和模式，通常可以區分為哪三種型態？

4. 試簡述一個單向鏈結串列節點欄位的組成。

5. 請簡單說明堆疊與佇列的主要特性。

6. 何謂尤拉鏈（Eulerian Chain）理論？試繪圖說明。

7. 請解釋下列雜湊函數的相關名詞。

   - bucket（桶）

   - 同義字

   - 完美雜湊

   - 碰撞

8. 一般樹狀結構在電腦記憶體中的儲存方式是以鏈結串列為主，對於 n 元樹來說，我們必須取 n 為鏈結個數的最大固定長度，請說明為了改進記憶空間浪費的缺點，我們最常使用二元樹（Binary Tree）結構來取代樹狀結構。

4 新手快速學會的
最夯排序演算法

- ▷ 看懂排序
- ▷ 氣泡排序法
- ▷ 選擇排序法
- ▷ 插入排序法
- ▷ 謝耳排序法
- ▷ 快速排序法
- ▷ 合併排序法
- ▷ 基數排序法

排序（Sorting）演算法可說是最常使用到的一種演算法，目的是將一串不規則的數值資料依照遞增或是遞減的方式重新編排。隨着大數據和人工智慧技術（Artificial Intelligence, AI）的普及和應用，排序演算法成為非常重要的工具之一，甚至在年輕人愛玩的遊戲程式設計中，就經常會利用到排序的技巧。例如在處理多邊形模型中的隱藏面消除的過程時，不管場景中的多邊形有沒有擋住其他的多邊形，只要按照從後面到前面順序的光柵化圖形就可以正確顯示所有可見

△ 參加比賽最重要是分出排名順序

的圖形，這時可以沿著觀察方向，按照多邊形的深度資訊對它們進行排序處理。

> **TIPS** 光柵處理的主要作用是將 3D 模型轉換成能夠被顯示於螢幕的圖像，並對圖像做修正和進一步美化處理，讓展現眼前的畫面能更為逼真與生動。

4-1 看懂排序

「排序」功能對於電腦相關領域而言，是一種非常重要且普遍的工作。它就是將一群資料按照某一個特定規則重新排列，使其具有遞增或遞減的次序關係。按照特定規則，用以排序的依據，我們稱為鍵（Key），它所含的值就稱為「鍵值」。通常鍵值資料型態有數值型態、中文字串型態及非中文字串型態三種。

如果鍵值為數值型態，在比較的過程中，則直接以數值的大小作為鍵值大小比較的依據；但如果鍵值為中文字串，則依該中文字串由左到右逐字比較，並以該中文內碼（例如：中文繁體 BIG5 碼、中文簡體 GB 碼）的編碼順序作為鍵值大小比較的依據。最後假設該鍵值為非中文字串，則和中文字串型態的比較方式類似，仍然以該字串由左到右逐字比較，不過卻以該字串的 ASCII 碼的編碼順序作為鍵值大小比較的依據。

在排序的過程中，電腦中資料的移動方式可分為「直接移動」及「邏輯移動」兩種。「直接移動」是直接交換儲存資料的位置，而「邏輯移動」並不會移動資料儲存位置，僅改變指向這些資料的輔助指標的值。

△ 直接移動排序　　　　　　　　　　△ 邏輯移動排序

兩者間差異在於直接移動會浪費許多時間進行資料的更動，而邏輯移動只要改變輔助指標指向的位置就能輕易達到排序的目的，例如在資料庫報表中可顯示多筆記錄，也可以針對這些欄位的特性來分組並進行排序與彙總，這就是屬於邏輯移動，而不是真正移動實際改變檔案中的位置。基本上，資料在經過排序後，會有下列三點好處：

① 資料較容易閱讀。

② 資料較利於統計及整理。

③ 可大幅減少資料搜尋的時間。

4-1-1　排序的分類

通常排序依資料量之多寡及所使用的記憶體區分為「內部排序」（Internal Sort）和「外部排序」（External Sort）。資料量小可以全部載入記憶體（如 RAM) 來進行者稱為內部排序，大部份排序屬於此類，資料量大無法全部一次載入記憶體，必須借助磁帶、磁碟等輔助記憶體者稱為外部排序。

以上只是粗略的區分，其實隨著資料結構科學的進步，陸續提出了如氣泡排序法、選擇排序法、插入排序法、合併排序法、快速排序法、堆積排序法、謝耳排序法、基數排序法、直接合併排序法等等,各有其特色與應用。排序的各種演算法稱得上是資料科學這門學科的精髓所在。每一種排序方法都有其適用的情況與資料種類。排序演算法的選擇將影響到排序的結果與績效,通常可由以下幾點決定:

演算法是否穩定

穩定的排序是指資料在經過排序後,兩個相同鍵值的記錄仍然保持原來的次序,如下例中 $7_左$ 的原始位置在 $7_右$ 的左邊(所謂 $7_左$ 及 $7_右$ 是指相同鍵值一個在左一個在右),穩定的排序(Stable Sort)後 $7_左$ 仍應在 $7_右$ 的左邊,不穩定排序則有可能 $7_左$ 會跑到 $7_右$ 的右邊去。例如:

原始資料順序:	$7_左$	2	9	$7_右$	6
穩定的排序:	2	6	$7_左$	$7_右$	9
不穩定的排序:	2	6	$7_右$	$7_左$	9

時間複雜度

當資料量相當大時,排序演算法所花費的時間就顯得相當重要。排序演算法的時間複雜度(Time Complexity)可分為最好情況(Best Case)、最壞情況(Worst Case)及平均情況(Average Case)。最好情況就是資料已完成排序,例如原本資料已經完成遞增排序了,如果再進行一次遞增排序所使用的時間複雜度就是最好情況。最壞情況是指每一鍵值均須重新排列,簡單的例子如原本為遞增排序重新排序成為遞減,就是最壞情況,如下所示:

排序前:	2	3	4	6	8	9
排序後:	9	8	6	4	3	2

空間複雜度

空間複雜度（Space Complexity）指演算法在執行過程所需付出的額外記憶體空間。例如所挑選的排序法必須藉助遞迴的方式來進行，那麼遞迴過程中會使用到的堆疊就是這個排序法必須付出的額外空間。另外，任何排序法都有資料對調的動作，資料對調就會暫時用到一個額外的空間，它也是排序法中空間複雜度要考慮的問題。排序法所使用到的額外空間愈少，它的空間複雜度就愈佳。例如氣泡法在排序過程中僅會用到一個額外的空間，在所有的排序演算法中，這樣的空間複雜度就算是最好的。

4-2 氣泡排序法

氣泡排序法又稱為交換排序法，是由觀察水中氣泡變化構思而成，原理是由第一個元素開始，比較相鄰元素大小，若大小順序有誤，則對調後再進行下一個元素的比較，就彷彿氣泡逐漸由水底逐漸冒升到水面上一樣。如此掃描過一次之後就可確保最後一個元素是位於正確的順序。接著再逐步進行第二次掃描，直到完成所有元素的排序關係為止。

以下利用 55、23、87、62、16 的排序過程，即可清楚知道氣泡排序法的演算流程：

由小到大排序

原始值：55　23　87　62　16

STEP 1 第一次掃描會先拿第一個元素 55 和第二個元素 23 作比較，如果第二個元素小於第一個元素，則作交換的動作。接著拿 55 和 87 作比較，就這樣一直比較並交換，到第 4 次比較完後即可確定最大值在陣列的最後面。

STEP 2 第二次掃描亦從頭比較起，但因最後一個元素在第一次掃描就已確定是陣列最大值，故只需比較 3 次即可把剩餘陣列元素的最大值排到剩餘陣列的最後面。

STEP **3** 第三次掃描完,完成三個值的排序。

STEP **4** 第四次掃描完,即可完成所有排序。

由此可知 5 個元素的氣泡排序法必須執行 5-1 次掃描,第一次掃描需比較 5-1 次,共比較 4+3+2+1=10 次。

氣泡演算法分析

① 最壞情況及平均情況均需比較:$(n-1)+(n-2)+(n-3)+\cdots+3+2+1=\dfrac{n(n-1)}{2}$ 次;時間複雜度為 $O(n^2)$,最好情況只需完成一次掃描,發現沒有做交換的動作則表示已經排序完成,所以只做了 n-1 次比較,時間複雜度為 $O(n)$。

② 由於氣泡排序為相鄰兩者相互比較對調,並不會更改其原本排列的順序,所以是穩定排序法。

③ 只需一個額外的空間,所以空間複雜度為最佳。

④ 此排序法適用於資料量小或有部份資料已經過排序。

範例 **CH04_01.cpp** | 請設計一 C++ 程式，並使用氣泡排序法來將以下的數列排序，與列出每次交換過程：6,5,9,7,2,8。

```cpp
01   #include <iostream>
02   #include <iomanip>
03   using namespace std;
04   int main(void)
05   {
06       int data[6]={6,5,9,7,2,8};    // 原始資料
07       cout<<" 氣泡排序法：\n 原始資料為：";
08       for (int i=0;i<6;i++)
09           cout<<setw(3)<<data[i];
10       cout<<endl;
11
12       for (int i=5;i>0;i--)// 掃描次數
13       {
14           for (int j=0;j<i;j++)// 比較、交換次數
15           {
16               if (data[j]>data[j+1])// 比較相鄰兩數，如第一數較大則交換
17               {
18                   int tmp;
19                   tmp=data[j];
20                   data[j]=data[j+1];
21                   data[j+1]=tmp;
22               }
23           }
24           cout<<" 第 "<<6-i<<" 次排序後的結果是："; // 把各次掃描後的結果印出
25           for (int j=0;j<6;j++)
26               cout<<setw(3)<<data[j];
27           cout<<endl;
28       }
29       cout<<" 排序後結果為：";
30       for (int i=0;i<6;i++)
31           cout<<setw(3)<<data[i];
32       cout<<endl;
33       return 0;
34   }
```

執行結果

```
氣泡排序法:
原始資料為:    6   5   9   7   2   8
第 1 次排序後的結果是:    5   6   7   2   8   9
第 2 次排序後的結果是:    5   6   2   7   8   9
第 3 次排序後的結果是:    5   2   6   7   8   9
第 4 次排序後的結果是:    2   5   6   7   8   9
第 5 次排序後的結果是:    2   5   6   7   8   9
排序後結果為:    2   5   6   7   8   9
-----------------------------------
Process exited after 0.2737 seconds with return value 0
請按任意鍵繼續 . . .
```

範例　**CH04_02.cpp** ▎ 上列程式可以看出氣泡排序法有個缺點是不管資料是否已排序完成都固定會執行 n(n-1)/2 次。請設計一 C++ 改良式氣泡演算法，讓我們可以藉由在程式中加入一判斷式來加以判斷何時可以提前中斷程式，又可得到正確的資料，來增加程式執行效能。

```cpp
01   #include <iostream>
02   #include <iomanip>
03   using namespace std;
04   void bubble (int *);    // 宣告氣泡排序副程式
05   void showdata (int *); // 宣告列印陣列副程式
06   int main(void)
07   {
08       int data[6]={4,6,2,7,8,9}; // 原始資料
09       cout<<" 改良氣泡排序法 \n 原始資料為：\t";
10       showdata(data);
11       bubble(data);
12       return 0;
13   }
14   void showdata (int data[]) // 利用迴圈列印資料
15   {
16       for (int i=0;i<6;i++)
17           cout<<setw(3)<<data[i];
18       cout<<endl;
19   }
20   void bubble (int data[])
21   {
22       for(int i=5;i>=0;i--)
```

```
23      {
24          int flag=0;   //flag 用來判斷是否有執行交換的動作
25          for (int j=0;j<i;j++)
26          {
27              if (data[j+1]<data[j])
28              {
29                  int tmp;
30                  tmp=data[j];
31                  data[j]=data[j+1];
32                  data[j+1]=tmp;
33                  flag++;      // 如果有執行過交換，則 flag 不為 0
34              }
35          }
36          if (flag==0)
37              break;
38          /*
39          當執行完一次掃描就判斷是否做過交換動作，如果沒有交換過資料
40          ，表示此時陣列已完成排序，故可直接跳出迴圈
41          */
42          cout<<" 第 "<<6-i<<" 次排序：\t";
43          for (int j=0;j<6;j++)
44              cout<<setw(3)<<data[j];
45          cout<<endl;
46      }
47      cout<<" 排序後結果為：\t";
48      showdata (data);
49  }
```

🔄 執行結果

```
改良氣泡排序法
原始資料為：      4  6  2  7  8  9
第 1 次排序：     4  2  6  7  8  9
第 2 次排序：     2  4  6  7  8  9
排序後結果為：    2  4  6  7  8  9
-----------------------------------
Process exited after 0.1668 seconds with return value 0
請按任意鍵繼續 . . .
```

4-3　選擇排序法

選擇排序法（Selection Sort）也算是枚舉法的應用，概念就是反覆從未排序的數列中取出最小的元素，加入到另一個數列，結果即為已排序的數列。選擇排序法可使用兩種方式排序，一為在所有的資料中，當由大至小排序時，則將最大值放入第一位置；若由小至大排序時，則將最大值放入位置末端。例如一開始在所有的資料中挑選一個最小項放在第一個位置（假設是由小到大），再從第二筆開始挑選一個最小項放在第 2 個位置，依樣重複，直到完成排序為止。

以下仍然利用 55、23、87、62、16 數列的由小到大排序過程，來說明選擇排序法的演算流程：

原始值：55　23　87　62　16

STEP 1 首先找到此數列中最小值後與第一個元素交換。

交換

第一次掃瞄：55 　　　　16
　　　　　　　　23　87　62
　　　　　16　23　87　62　55

STEP 2 從第二個值找起，找到此數列中（不包含第一個）的最小值，再和第二個值交換。

第二次掃瞄：16　　23　　87　62　55
　　　　　　16　23　87　62　55

STEP 3 從第三個值找起，找到此數列中（不包含第一、二個）的最小值，再和第三個值交換。

STEP 4 從第四個值找起，找到此數列中（不包含第一、二、三個）的最小值，再和第四個值交換，則此排序完成。

選擇排序法分析

① 無論是最壞情況、最佳情況及平均情況都需要找到最大值（或最小值），因此其比較次數為：(n-1)+(n-2)+(n-3)+…+3+2+1 = $\dfrac{n(n-1)}{2}$ 次；時間複雜度為 O(n²)。

② 由於選擇排序是以最大或最小值直接與最前方未排序的鍵值交換，資料排列順序很有可能被改變，故不是穩定排序法。

③ 只需一個額外的空間，所以空間複雜度為最佳。

④ 此排序法適用於資料量小或有部份資料已經過排序。

範例 **CH04_03.cpp** ▌ 請設計一 C++ 程式，並使用選擇排序法來將以下的數列

排序：**9,7,5,3,4,6**。

```cpp
01  #include <iostream>
02  #include <iomanip>
03  using namespace std;
04
05  void select (int *); // 宣告選擇排序法副程序
06  void showdata (int *);// 宣告列印陣列副程序
07  int main(void)
08  {
09      int data[6]={9,7,5,3,4,6};
10      cout<<" 原始資料為：";
11      showdata(data);
12      select(data);
13      return 0;
14  }
15  void showdata (int data[])
16  {
17      for (int i=0;i<6;i++)
18          cout<<setw(3)<<data[i];
19      cout<<endl;
20  }
21
22  void select (int data[])
23  {
24      for(int i=0;i<5;i++) // 掃描 5 次
25      {
26          for(int j=i+1;j<6;j++)   // 由 i+1 比較起，比較 5 次
27          {
28              if(data[i]>data[j]) // 比較第 i 及第 j 個元素
29              {
30                  int tmp;
31                  tmp=data[i];
32                  data[i]=data[j];
33                  data[j]=tmp;
34              }
35          }
36          cout<<" 第 "<<i+1<<" 次排序結果：";
37          for (int k=0;k<6;k++)
38              cout<<setw(3)<<data[k]; // 列印排序結果
```

```
39          cout<<endl;
40       }
41       cout<<endl;
42   }
```

⟳ 執行結果

```
原始資料為：  9  7  5  3  4  6
第 1 次排序結果：   3  9  7  5  4  6
第 2 次排序結果：   3  4  9  7  5  6
第 3 次排序結果：   3  4  5  9  7  6
第 4 次排序結果：   3  4  5  6  9  7
第 5 次排序結果：   3  4  5  6  7  9


------------------------------------------
Process exited after 0.4194 seconds with return value 0
請按任意鍵繼續 . . . ▪
```

4-4 插入排序法

插入排序法（Insert Sort）則是將陣列中的元素，逐一與已排序好的資料作比較，如前兩個元素先排好，再將第三個元素插入適當的位置，所以這三個元素仍然是已排序好，接著再將第四個元素加入，重複此步驟，直到排序完成為止。各位可以看做是在一串有序的記錄 R_1、R_2...R_i，插入新的記錄 R，使得 i+1 個記錄排序妥當。

以下仍然利用 55、23、87、62、16 數列的由小到大排序過程，來說明插入排序法的演算流程。下圖中，在步驟二，以 23 為基準與其他元素比較後，放到適當位置（55 的前面），步驟三則拿 87 與其他兩個元素比較，接著 62 在比較完前三個數後插入 87 的前面…，將最後一個元素比較完後即完成排序：

由小到大排序：

步驟一　⟨55⟩

步驟二　⟨55⟩　◈23◈

步驟三　⟨23⟩　⟨55⟩　◈87◈

步驟四　⟨23⟩　⟨55⟩　⟨87⟩　◈62◈

步驟五　⟨23⟩　⟨55⟩　⟨62⟩　⟨87⟩　◈16◈

完成排序　⟨16⟩　⟨23⟩　⟨55⟩　⟨62⟩　⟨87⟩

🔍 插入排序法分析

① 最壞及平均情況需比較 (n-1)+(n-2)+(n-3)+⋯+3+2+1= $\dfrac{n(n-1)}{2}$ 次；時間複雜度為 O(n²)，最好情況時間複雜度為：O(n)。

② 插入排序是穩定排序法。

③ 只需一個額外的空間，所以空間複雜度為最佳。

④ 此排序法適用於大部份資料已經過排序或已排序資料庫新增資料後進行排序。

⑤ 插入排序法會造成資料的大量搬移，所以建議在鏈結串列上使用。

範例 **CH04_04.cpp** ▎ 請設計一 C++ 程式，並使用插入排序法來將以下的數列排序：**4,6,1,8,10,32**。

```
01  /*
02  [示範]:插入排序法
03  */
04  #include <iostream>
05  #include <iomanip>
06  #define SIZE 6  // 定義陣列大小
07  using namespace std;
08
```

```
09   void inser (int *);// 宣告插入排序法副程式
10   void showdata (int *);// 宣告列印陣列副程式
11   void inputarr (int *,int);// 宣告輸入陣列副程式
12   int  main(void)
13   {
14       int data[SIZE];
15       inputarr(data,SIZE);// 把陣列名稱及陣列大小傳給副程式
16       cout<<" 您輸入的原始陣列是：";
17       showdata (data);
18       inser(data);
19       return 0;
20   }
21   void inputarr(int data[],int size)
22   {
23       for (int i=0;i<size;i++)// 利用迴圈輸入陣列資料
24       {
25           cout<<" 請輸入第 "<<i+1<<" 個元素：";
26           cin>>data[i];
27       }
28   }
29   void showdata(int data[])
30   {
31       for (int i=0;i<SIZE;i++)
32           cout<<setw(3)<<data[i];// 列印陣列資料
33       cout<<endl;
34   }
35   void inser(int data[])
36   {
37       int i;           //i 為掃描次數
38       int j;           // 以 j 來定位比較的元素
39       for (i=1;i<SIZE;i++)   // 掃描迴圈次數為 SIZE-1
40       {
41           int tmp;    //tmp 用來暫存資料
42           tmp=data[i];
43           j=i-1;
44           while (j>=0 && tmp<data[j])    // 如果第二元素小於第一元素
45           {
46               data[j+1]=data[j];           // 就把所有元素往後推一個位置
47               j--;
48           }
49           data[j+1]=tmp;                  // 最小的元素放到第一個元素
50           cout<<" 第 "<<i<<" 次掃描：";
51           showdata(data);
52       }
53   }
```

執行結果

```
請輸入第 1 個元素:4
請輸入第 2 個元素:6
請輸入第 3 個元素:1
請輸入第 4 個元素:8
請輸入第 5 個元素:10
請輸入第 6 個元素:32
您輸入的原始陣列是:   4  6  1  8 10 32
第 1 次掃瞄:   4  6  1  8 10 32
第 2 次掃瞄:   1  4  6  8 10 32
第 3 次掃瞄:   1  4  6  8 10 32
第 4 次掃瞄:   1  4  6  8 10 32
第 5 次掃瞄:   1  4  6  8 10 32
-----------------------------------
Process exited after 29.17 seconds with return value 0
請按任意鍵繼續 . . .
```

4-5 謝耳排序法

我們知道如果原始記錄的鍵值大部份已排序好的情況下，插入排序法會非常有效率，因為它毋需做太多的資料搬移動作。「謝耳排序法」則是 D. L. Shell 在 1959 年 7 月所發明的一種排序法，可以減少插入排序法中資料搬移的次數，以加速排序進行。排序的原理是將資料區分成特定間隔的幾個小區塊，以插入排序法排完區塊內的資料後再漸漸減少間隔的距離。

以下仍然利用 63、92、27、36、45、71、58、7 數列的由小到大排序過程，來說明謝耳排序法的演算流程：

STEP 1 首先將所有資料分成 Y 份：(8div2) 即 Y=4，稱為劃分數。請注意！劃分數不一定要是 2，最好能夠是質數。但為演算法方便，所以我們習慣選 2。則一開始的間隔設定為 8/2 區隔成：

STEP 2 如此一來可得到四個區塊分別是：(63,45)(92,71)(27,58)(36,7) 再各別用插入排序法排序成為：(45,63)(71,92)(27,58)(7,36)

STEP 3 接著再縮小間隔為 (8/2)/2 成：

STEP 4 (45,27,63,58)(71,7,92,36) 分別用插入排序法後得到：

STEP 5 最後再以 ((8/2)/2)/2 的間距做插入排序，也就是每一個元素進行排序得到
最後的結果：

謝耳排序法分析

① 任何情況的時間複雜度均為 $O(n^{3/2})$。

② 謝耳排序法和插入排序法一樣，都是穩定排序。

③ 只需一個額外空間，所以空間複雜度是最佳。

④ 此排序法適用於資料大部份都已排序完成的情況。

範例　CH04_05.cpp ▌ 請設計一 C++ 程式，讓使用者自行輸入以下 8 個排序的
數列，並使用謝耳排序法來將以下的數列排序：**5,65,1,45,32,67,89,12。**

```
01  /*
02  [ 示範 ]: 謝耳排序法
03  */
04  #include <iostream>
05  #include <iomanip>
06  #define SIZE 8 // 定義矩陣大小
07  using namespace std;
08
09  void shell (int *,int);   // 宣告排序法副程式
10  void showdata (int *);    // 宣告列印陣列副程式
11  void inputarr (int *,int);// 宣告輸入陣列副程式
12  int main(void)
13  {
14      int data[SIZE];
15      inputarr(data,SIZE);
16      cout<<" 您輸入的原始陣列是：";
17      showdata(data);
18      shell(data,SIZE);
```

```
19      return 0;
20  }
21  void inputarr(int data[],int size)
22  {
23      for (int i=0;i<size;i++)
24      {
25          cout<<" 請輸入第 "<<i+1<<" 個元素：";
26          cin>>data[i];
27      }
28  }
29  void showdata(int data[])
30  {
31      for (int i=0;i<SIZE;i++)
32          cout<<setw(3)<<data[i];
33      cout<<endl;
34  }
35  void shell(int data[],int size)
36  {
37      int i;          //i 為掃描次數
38      int j;          // 以 j 來定位比較的元素
39      int k=1;        //k 列印計數
40      int tmp;        //tmp 用來暫存資料
41      int jmp;        // 設定間距位移量
42      jmp=size/2;
43      while (jmp != 0)
44      {
45          for (i=jmp ;i<size ;i++)
46          {
47              tmp=data[i];
48              j=i-jmp;
49              while(tmp<data[j] && j>=0)   // 插入排序法
50              {
51                  data[j+jmp] = data[j];
52                  j=j-jmp;
53              }
54              data[jmp+j]=tmp;
55          }
56          cout<<» 第 «<<k++<<» 次排序：»;
57          showdata (data);
58          jmp=jmp/2;      // 控制迴圈數
59      }
60  }
```

🔄 執行結果

```
請輸入第 1 個元素:5
請輸入第 2 個元素:65
請輸入第 3 個元素:1
請輸入第 4 個元素:45
請輸入第 5 個元素:32
請輸入第 6 個元素:67
請輸入第 7 個元素:89
請輸入第 8 個元素:12
您輸入的原始陣列是:　5 65　1 45 32 67 89 12
第 1 次排序:　5 65　1 12 32 67 89 45
第 2 次排序:　1 12　5 45 32 65 89 67
第 3 次排序:　1　5 12 32 45 65 67 89

---------------------------------------
Process exited after 13 seconds with return value 0
請按任意鍵繼續 . . .
```

4-6　快速排序法

　　快速排序法（Quick Sort）是由 C. A. R. Hoare 所發展的，又稱分割交換排序法，是目前公認最佳的排序法，也是使用分治法（Divide and Conquer）的方式，主要會先在資料中找到一個隨機會自行設定的虛擬中間值，並依此中間值將所有打算排序的資料分為兩部份。其中小於中間值的資料放在左邊，而大於中間值的資料放在右邊，再以同樣的方式分別處理左右兩邊的資料，直到排序完為止。操作與分割步驟如下：

　　假設有 n 筆 R1、R2、R3...Rn 記錄，其鍵值為 k_1、k_2、k_3...k_n：

❶　先假設 K 的值為第一個鍵值。

❷　由左向右找出鍵值 K_i，使得 $K_i>K$。

❸　由右向左找出鍵值 K_j 使得 $K_j<K$。

❹　如果 i<j，那麼 K_i 與 K_j 互換，並回到步驟 ❷。

❺　若 i≥j 則將 K 與 K_j 交換，並以 j 為基準點分割成左右部份。然後再針對左右兩邊進行步驟 ❶ 至 ❺，直到左半邊鍵值＝右半邊鍵值為止。

以下示範快速排序法將下列資料的排序過程：

R1 R2 R3 R4 R5 R6 R7 R8 R9 R10
35 10 42 3 79 12 62 18 51 23
K=35　　i　　　　　　　　　　　　　　j

STEP 1 因為 i<j 故交換 K_i 與 K_j，然後繼續比較：

35 10 23 3 79 12 62 18 51 42
　　　　　i　　　　　　　j

STEP 2 因為 i<j 故交換 K_i 與 K_j，然後繼續比較：

35 10 23 3 18 12 62 79 51 42
　　　　　　　　j　　i

STEP 3 因為 i≥j 故交換 K 與 K_j，並以 j 為基準點分割成左右兩半：

[12 10 23 3 18] 35 [62 79 51 42]

由上述這幾個步驟，各位可以將小於鍵值 K 放在左半部；大於鍵值 K 放在右半部，依上述的排序過程，針對左右兩部份分別排序。過程如下：

[3 10] 12 [23 18] 35 [62 79 51 42]
3 10 12 [23 18] 35 [62 79 51 42]
3 10 12 18 23 35 [62 79 51 42]
3 10 12 18 23 35 [51 42] 62 [79]
3 10 12 18 23 35 42 51 62 79

🔍 快速排序法分析

① 在最快及平均情況下，時間複雜度為 $O(n\log_2 n)$。最壞情況就是每次挑中的中間值不是最大就是最小，其時間複雜度為 $O(n^2)$。

② 快速排序法不是穩定排序法。

③ 在最差的情況下，空間複雜度為 $O(n)$，而最佳情況為 $O(\log_2 n)$。

④ 快速排序法是平均執行時間最快的排序法。

範例 **CH04_06.cpp** | 請設計一 C++ 程式，讓使用者自行輸入以下 **10** 個排序的數列，並使用快速排序法將數字排序：**32,5,24,55,40,81,17,48,25,71**。

```cpp
01  /*
02  [ 示範 ]: 快速排序法
03  */
04  #include <iostream>
05  #include <iomanip>
06  #include <ctime>
07  #include <cstdlib>
08  using namespace std;
09  void inputarr(int*,int);
10  void showdata(int*,int);
11  void quick(int*,int,int,int);
12  int process = 0;
13  int main(void)
14  {
15      int size,data[100]={0};
16      cout<<" 請輸入陣列大小 (100 以下 )：";
17      cin>>size;
18      cout<<" 您輸入的原始資料是："<<endl;
19      inputarr (data,size);
20      showdata (data,size);
21      quick(data,size,0,size-1);
22      cout<<"\n 排序結果：";
23      showdata(data,size);
24      return 0;
25  }
26  void inputarr(int data[],int size)
27  {
28      for (int i=0;i<size;i++)
29          cin>>data[i];
30  }
```

```
31   void showdata(int data[],int size)
32   {
33       int i;
34       for (i=0;i<size;i++)
35           cout<<setw(3)<<data[i];
36       cout<<endl;
37   }
38   void quick(int d[],int size,int lf,int rg)
39   {
40       int tmp;
41       int lf_idx;
42       int rg_idx;
43       int t;
44   //1:第一筆鍵值為 d[lf]
45       if(lf<rg)
46       {
47           lf_idx=lf+1;
48           rg_idx=rg;
49       while(1) {
50           cout<<"[ 處理過程 "<<process++<<"]=> ";
51           for(int t=0;t<size;t++)
52               cout<<"["<<setw(2)<<d[t]<<"] ";
53           cout<<endl;
54           for(int i=lf+1;i<=rg;i++)
55           //2:由左向右找出一個鍵值大於 d[lf] 者
56           {
57               if(d[i]>=d[lf])
58               {
59                   lf_idx=i;
60                   break;
61               }
62               lf_idx++;
63           }
64           for(int j=rg;j>=lf+1;j--)
65           //3:由右向左找出一個鍵值小於 d[lf] 者
66           {
67               if(d[j]<=d[lf])
68               {
69                   rg_idx=j;
70                   break;
71               }
72               rg_idx--;
73           }
74           if(lf_idx<rg_idx)
75            //4-1:若 lf_idx<rg_idx
76            {
```

```
77              tmp = d[lf_idx];
78              d[lf_idx] = d[rg_idx];
79              // 則 d[lf_idx] 和 d[rg_idx] 互換
80              d[rg_idx] = tmp;        // 然後繼續排序
81          } else {
82              break;      // 否則跳出排序過程
83          }
84      }
85      if(lf_idx>=rg_idx)
86      //5-1: 若 lf_idx 大於等於 rg_idx
87      {           // 則將 d[lf] 和 d[rg_idx] 互換
88          tmp = d[lf];
89          d[lf] = d[rg_idx];
90          d[rg_idx] = tmp;
91
92          //5-2: 並以 rg_idx 為基準點分成左右兩半
93          quick(d,size,lf,rg_idx-1);
94          // 以遞迴方式分別為左右兩半進行排序
95          quick(d,size,rg_idx+1,rg);
96          // 直至完成排序
97      }
98    }
99  }
```

執行結果

```
請輸入陣列大小<100以下>:10
您輸入的原始資料是:
32
5
24
55
40
81
17
48
25
71
 32   5 24 55 40 81 17 48 25 71
[處理過程0]=> [32] [ 5] [24] [55] [40] [81] [17] [48] [25] [71]
[處理過程1]=> [32] [ 5] [24] [25] [40] [81] [17] [48] [55] [71]
[處理過程2]=> [32] [ 5] [24] [25] [17] [81] [40] [48] [55] [71]
[處理過程3]=> [17] [ 5] [24] [25] [32] [81] [40] [48] [55] [71]
[處理過程4]=> [ 5] [17] [24] [25] [32] [81] [40] [48] [55] [71]
[處理過程5]=> [ 5] [17] [24] [25] [32] [81] [40] [48] [55] [71]
[處理過程6]=> [ 5] [17] [24] [25] [32] [71] [40] [48] [55] [81]
[處理過程7]=> [ 5] [17] [24] [25] [32] [55] [40] [48] [71] [81]
[處理過程8]=> [ 5] [17] [24] [25] [32] [48] [40] [55] [71] [81]

排序結果:  5 17 24 25 32 40 48 55 71 81

-----------------------------------
Process exited after 34.19 seconds with return value 0
請按任意鍵繼續 . . .
```

4-7 合併排序法

合併排序法（Merge Sort）工作原理乃是針對已排序好的二個或二個以上的數列，經由合併的方式，將其組合成一個大的且已排序好的數列。步驟如下：

❶ 將 N 個長度為 1 的鍵值成對地合併成 N/2 個長度為 2 的鍵值組。

❷ 將 N/2 個長度為 2 的鍵值組成對地合併成 N/4 個長度為 4 的鍵值組。

❸ 將鍵值組不斷地合併，直到合併成一組長度為 N 的鍵值組為止。

以下仍然利用 38、16、41、72、52、98、63、25 數列的由小到大排序過程，來說明合併排序法的基本演算流程：

38、16、41、72、52、98、63、25
16、38、41、72、52、98、25、63
16、38、41、72、25、52、63、98
16、25、38、41、52、63、72、98

上面展示的合併排序法例子是一種最簡單的合併排序，又稱為 2 路（2-way）合併排序，主要概念是把原來的檔案視作 N 個已排序妥當且長度為 1 的數列，再將這些長度為 1 的資料兩兩合併，結合成 N/2 個已排序妥當且長度為 2 的數列；同樣的作法，再依序兩兩合併，合併成 N/4 個已排序妥當且長度為 4 的數列……，以此類推，最後合併成一個已排序妥當且長度為 N 的數列。

我們以條列的方式將步驟整理如下：

❶ 將 N 個長度為 1 的數列合併成 N/2 個已排序妥當且長度為 2 的數列。

❷ 將 N/2 個長度為 2 的數列合併成 N/4 個已排序妥當且長度為 4 的數列。

❸ 將 N/4 個長度為 4 的數列合併成 N/8 個已排序妥當且長度為 8 的數列。

❹ 將 $N/2^{i-1}$ 個長度為 2^{i-1} 的數列合併成 $N/2^i$ 個已排序妥當且長度為 2^i 的數列。

合併排序法分析

① 合併排序法 n 筆資料一般需要約 $\log_2 n$ 次處理，每次處理的時間複雜度為 O(n)，所以合併排序法的最佳情況、最差情況及平均情況複雜度為 O(nlogn)。

② 由於在排序過程中需要一個與檔案大小同樣的額外空間，故其空間複雜度 O(n)。

③ 是一個穩定（Stable）的排序方式。

範例 **CH04_07.cpp** ┃ 請設計一 C++ 程式，並使用合併排序法來將以下的數列排序：**16,25,39,27,12,8,45,63**。

```cpp
01  #include <iostream>
02  #include <cstdlib>
03  #include <iomanip>
04  using namespace std;
05  #define NUM1 4
06  #define NUM2 4
07  int process = 0;
08  int partition(int[], int, int);
09  void mergeSort(int[], int, int[], int, int[]);
10  void quick(int*,int,int,int);
11
12  int main(void) {
13
14      int list1[NUM1] = {16,25,39,27};
15      int list2[NUM1] = {12,8,45,63};
16      int list3[NUM1+NUM2] = {0};
17
18      cout<<"排序前：";
19      cout<<"\nlist1[]：";
20      int i;
21
22      for(i = 0; i < NUM1; i++)
23          cout<<list1[i]<<" ";
24
25      cout<<"\nlist2[]：";
26      for(i = 0; i < NUM2; i++) {
27          //list2[i] = rand() % 100;
28          cout<<list2[i]<<" ";
29      }
```

```
30
31        quick(list1,NUM1,0,NUM1-1);
32        quick(list2,NUM2,0,NUM2-1);
33
34        cout<<"\n 排序後：";
35        cout<<"\nlist1[]：";
36        for(i = 0; i < NUM1; i++)
37            cout<<list1[i]<<" ";
38        cout<<"\nlist2[]：";
39        for(i = 0; i < NUM2; i++)
40            cout<<list2[i]<<" ";
41
42        // 合併排序
43        mergeSort(list1, NUM1, list2, NUM2, list3);
44
45        cout<<"\n 合併後：";
46        for(i = 0; i < NUM1+NUM2; i++)
47            cout<<list3[i]<<" ";
48        cout<<endl;
49
50        return 0;
51    }
52
53    void quick(int d[],int size,int lf,int rg)
54    {
55        int tmp;
56        int lf_idx;
57        int rg_idx;
58        int t;
59        //1:第一筆鍵值為 d[lf]
60        if(lf<rg)
61        {
62            lf_idx=lf+1;
63            rg_idx=rg;
64        while(1) {
65            for(int i=lf+1;i<=rg;i++)
66        //2:由左向右找出一個鍵值大於 d[lf] 者
67            {
68                if(d[i]>=d[lf])
69                {
70                    lf_idx=i;
71                    break;
```

```
72                    }
73                    lf_idx++;
74                }
75            for(int j=rg;j>=lf+1;j--)
76        //3: 由右向左找出一個鍵值小於 d[lf] 者
77                {
78                    if(d[j]<=d[lf])
79                    {
80                        rg_idx=j;
81                        break;
82                    }
83                    rg_idx--;
84                }
85            if(lf_idx<rg_idx)
86        //4-1: 若 lf_idx<rg_idx
87                {
88                    tmp = d[lf_idx];
89                    d[lf_idx] = d[rg_idx];
90                    // 則 d[lf_idx] 和 d[rg_idx] 互換
91                    d[rg_idx] = tmp;        // 然後繼續排序
92                } else {
93                    break;        // 否則跳出排序過程
94                }
95            }
96            if(lf_idx>=rg_idx)
97        //5-1: 若 lf_idx 大於等於 rg_idx
98                {        // 則將 d[lf] 和 d[rg_idx] 互換
99                    tmp = d[lf];
100                   d[lf] = d[rg_idx];
101                   d[rg_idx] = tmp;
102
103                   //5-2: 並以 rg_idx 為基準點分成左右兩半
104                   quick(d,size,lf,rg_idx-1);
105                   // 以遞迴方式分別為左右兩半進行排序
106                   quick(d,size,rg_idx+1,rg);
107                   // 直至完成排序
108                }
109        }
110 }
111
112 void mergeSort(int list1[], int M, int list2[],
113             int N, int list3[])
```

```
114 {
115     int i = 0, j = 0, k = 0;
116     while(i < M && j < N)
117     {
118         if(list1[i] <= list2[j])
119             list3[k++] = list1[i++];
120         else
121             list3[k++] = list2[j++];
122     }
123
124     while(i < M)
125         list3[k++] = list1[i++];
126     while(j < N)
127         list3[k++] = list2[j++];
128 }
```

執行結果

```
排序前：
list1[]：16 25 39 27
list2[]：12 8 45 63
排序後：
list1[]：16 25 27 39
list2[]：8 12 45 63
合併後：8 12 16 25 27 39 45 63

----------------------------------------
Process exited after 0.1802 seconds with return value 0
請按任意鍵繼續 . . .
```

4-8 基數排序法

基數排序法和我們之前所討論到的排序法不太一樣，它並不需要進行元素間的比較動作，而是屬於一種分配模式排序方式。基數排序法依照比較的方向可分為最有效鍵優先（Most Significant Digit First, MSD）和最無效鍵優先（Least Significant Digit First, LSD）兩種。MSD 法是從最左邊的位數開始比較，而 LSD 則是從最右邊的位數開始比較。

以下的範例我們以 LSD 將三位數的整數資料來加以排序，它是依個位數、十位數、百位數來進行排序。請直接看以下最無效鍵優先（LSD）例子的說明，便可清楚的知道它的動作原理：

原始資料如下：

59	95	7	34	60	168	171	259	372	45	88	133

STEP 1 把每個整數依其個位數字放到串列中：

個位數字	0	1	2	3	4	5	6	7	8	9
資料	60	171	372	133	34	95 45		7	168 88	59 259

合併後成為：

60	171	372	133	34	95	45	7	168	88	59	259

STEP 2 再依其十位數字，依序放到串列中：

十位數字	0	1	2	3	4	5	6	7	8	9
資料	7			133 34	45	59 259	60 168	171 372	88	95

合併後成為：

7	133	34	45	59	259	60	168	171	372	88	95

STEP **3** 再依其百位數字，依序放到串列中：

百位數字	0	1	2	3	4	5	6	7	8	9
資料	7 34 45 59 60 88 95	133 168 171	259	372						

最後合併即完成排序：

7	34	45	59	60	88	95	133	168	171	259	372

🔍 基數排序法分析

① 在所有情況下，時間複雜度均為 $O(n\log_p k)$，k 是原始資料的最大值。

② 基數排序法是穩定排序法。

③ 基數排序法會使用到很大的額外空間來存放串列資料，其空間複雜度為 $O(n*p)$，n 是原始資料的個數，p 是資料字元數；如上例中，資料的個數 n=12，字元數 p=3。

④ 若 n 很大，p 固定或很小，此排序法將很有效率。

範例 **CH04_08.cpp** ▍ 請設計一 C++ 程式，並自行輸入陣列大小與使用基數排序法來排序。

```
01  /*
02  [示範]:基數排序法
03  */
04  // 基數排序法 由小到大排序
05  #include <iostream>
```

```
06   #include <iomanip>
07   #include <ctime>
08   #include <cstdlib>
09   using namespace std;
10   void radix (int *,int);      // 基數排序法副程式
11   void showdata (int *,int);
12   void inputarr (int *,int);
13   int main(void)
14   {
15       int size,data[100]={0};
16       cout<<" 請輸入陣列大小 (100 以下 )：";
17       cin>>size;
18       cout<<" 您輸入的原始資料是："<<endl;
19       inputarr (data,size);
20       showdata (data,size);
21       radix (data,size);
22       return 0;
23   }
24   void inputarr(int data[],int size)
25   {
26       srand(time(NULL));
27       for (int i=0;i<size;i++)
28           data[i]=(rand()%999)+1;
29               // 設定 data 值最大為 3 位數
30   }
31   void showdata(int data[],int size)
32   {
33       for (int i=0;i<size;i++)
34           cout<<setw(5)<<data[i];
35       cout<<endl;
36   }
37   void radix(int data[],int size)
38   {
39       for (int n=1;n<=100;n=n*10)
40       // n 為基數，由個位數開始排序
41       {
42           int tmp[10][100]={0};
43           // 設定暫存陣列，[0~9 位數 ] [ 資料個數 ]，所有內容均為 0
44           for (int i=0;i<size;i++)  // 比對所有資料
45           {
46               int m=(data[i]/n)%10;
47               // m 為 n 位數的值，如 36 取十位數 (36/10)%10=3
```

```
48              tmp[m][i]=data[i];
49              // 把 data[i] 的值暫存於 tmp 裡
50          }
51          int k=0;
52          for (int i=0;i<10;i++)
53          {
54              for(int j=0;j<size;j++)
55              {
56                  if(tmp[i][j] != 0)
57                  // 因一開始設定 tmp ={0}，故不為 0 者即為
58                  {
59                      data[k]=tmp[i][j];
60                      // data 暫存在 tmp 裡的值，把 tmp 裡的值放
61                      k++;                    // 回 data[ ] 裡
62                  }
63              }
64          }
65          cout<<" 經過 "<<setw(3)<<n<<" 位數排序後："；
66          showdata(data,size);
67      }
68  }
```

執行結果

```
請輸入陣列大小(100以下)：10
您輸入的原始資料是：
    475    18   182   175   132   135    47   608   279   827
經過  1位數排序後：  182   132   475   175   135    47   827    18   608   279
經過 10位數排序後：  608    18   827   132   135    47   475   175   279   182
經過100位數排序後：   18    47   132   135   175   182   279   475   608   827
```

4-9 堆積樹排序法

堆積樹排序法可以算是選擇排序法的改進版，它可以減少在選擇排序法中的比較次數，進而減少排序時間。堆積排序法使用到了二元樹的技巧，它是利用堆積樹來完成排序。堆積是一種特殊的二元樹，可分為最大堆積樹及最小堆積樹兩種。而最大堆積樹滿足以下 3 個條件：

① 它是一個完整二元樹。

② 所有節點的值都大於或等於它左右子節點的值。

③ 樹根是堆積樹中最大的。

而最小堆積樹則具備以下 3 個條件：

① 它是一個完整二元樹。

② 所有節點的值都小於或等於它左右子節點的值。

③ 樹根是堆積樹中最小的。

在開始談論堆積排序法前，各位必須先認識如何將二元樹轉換成堆積樹（Heap Tree）。我們以下面實例進行說明：

假設有 9 筆資料 32、17、16、24、35、87、65、4、12，以二元樹表示如下：

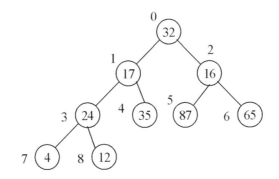

如果要將該二元樹轉換成堆積樹。我們可以用陣列來儲存二元樹所有節點的值，即

A[0]=32、A[1]=17、A[2]=16、A[3]=24、A[4]=35

A[5]=87、A[6]=65、A[7]=4、A[8]=12

STEP ① A[0]=32 為樹根，若 A[1] 大於父節點則必須互換。此處 A[1]=17<A[0]=32 故不交換。

STEP **2** A[2]=16<A[0] 故不交換。

STEP **3** A[3]=24>A[1]=17 故交換。

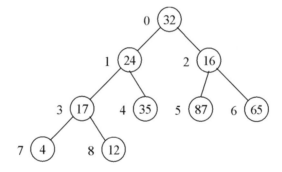

STEP **4** A[4]=35>A[1]=24 故交換,再與 A[0]=32 比較,A[1]=35>A[0]=32 故交換。

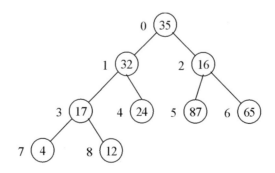

STEP 5　A[5]=87>A[2]=16 故交換，再與 A[0]=35 比較，A[2]=87>A[0]=35 故交換。

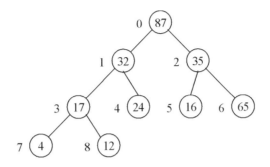

STEP 6　A[6]=65>A[2]=35 故交換，且 A[2]=65<A[0]=87 故不必換。

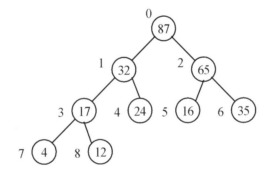

STEP 7　A[7]=4<A[3]=17 故不必換。

A[8]=12<A[3]=17 故不必換。

可得下列的堆積樹：

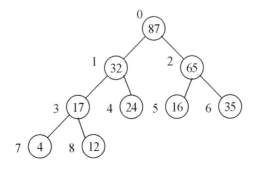

剛才示範由二元樹的樹根開始由上往下逐一依堆積樹的建立原則來改變各節點值，最終得到一最大堆積樹。各位可以發現堆積樹並非唯一，您也可以由陣列最後一個元素（例如此例中的 A[8]）由下往上逐一比較來建立最大堆積樹。如果您想由小到大排序，就必須建立最小堆積樹，作法和建立最大堆積樹類似，在此不另外說明。

以下利用堆積樹排序法針對 34、19、40、14、57、17、4、43 的排序過程示範如下：

STEP 1 依下圖數字順序建立完整二元樹。

STEP **2**　建立堆積樹。

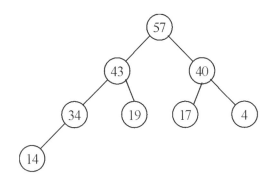

STEP **3**　將 57 自樹根移除，重新建立堆積樹。

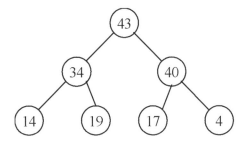

STEP **4**　將 43 自樹根移除，重新建立堆積樹。

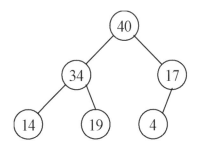

STEP **5** 將 40 自樹根移除，重新建立堆積樹。

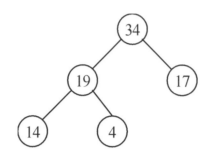

STEP **6** 將 34 自樹根移除，重新建立堆積樹。

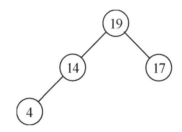

STEP **7** 將 19 自樹根移除，重新建立堆積樹。

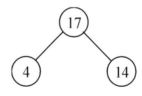

STEP **8** 將 17 自樹根移除，重新建立堆積樹。

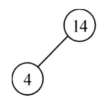

STEP 9 將 14 自樹根移除，重新建立堆積樹。

最後將 4 自樹根移除。得到的排序結果為：57、43、40、34、19、17、14、4。

堆積樹排序法分析

① 在所有情況下，時間複雜度均為 O(nlogn)。

② 堆積排序法不是穩定排序法。

③ 只需要一額外的空間，空間複雜度為 O(1)。

範例 **CH04_09.cpp** ▌ **請設計一 C++ 程式，並使用堆積樹排序法來排序：5,6,4,8,3,2,7,1**。

```
01  /*
02  [ 示範 ] : 堆積排序法
03  */
04  #include <iostream>
05  #include <iomanip>
06  using namespace std;
07  void heap(int*,int);
08  void ad_heap(int*,int,int);
09  int main(void)
10  {
11      int data[9]={0,5,6,4,8,3,2,7,1};
12      // 原始陣列內容
13      int size=9;
14      cout<<" 原始陣列：";
15      for(int i=1;i<size;i++)
16          cout<<"["<<setw(2)<<data[i]<<"] ";
17      heap(data,size);
18      // 建立堆積樹
19      cout<<"\n 排序結果：";
20      for(int i=1;i<size;i++)
```

```
21          cout<<"["<<setw(2)<<data[i]<<"] ";
22      cout<<endl;
23      return 0;
24  }
25  void heap(int *data,int size)
26  {
27      int i,j,tmp;
28      for(i=(size/2);i>0;i--)
29      // 建立堆積樹節點
30          ad_heap(data,i,size-1);
31      cout<<"\n 堆積內容:";
32      for(i=1;i<size;i++)
33          // 原始堆積樹內容
34          cout<<"["<<setw(2)<<data[i]<<"] ";
35      cout<<endl;
36      for(i=size-2;i>0;i--)
37          // 堆積排序
38          {
39          tmp=data[i+1];
40              // 頭尾節點交換
41          data[i+1]=data[1];
42          data[1]=tmp;
43          ad_heap(data,1,i);
44              // 處理剩餘節點
45          cout<<"\n 處理過程:";
46          for(j=1;j<size;j++)
47              cout<<"["<<setw(2)<<data[j]<<"] ";
48          }
49  }
50  void ad_heap(int *data,int i,int size)
51  {
52      int j,tmp,post;
53      j=2*i;
54      tmp=data[i];
55      post=0;
56      while(j<=size && post==0)
57      {
58          if(j<size)
59          {
60              if(data[j]<data[j+1])
61                  // 找出最大節點
62                  j++;
```

```
63              }
64          if(tmp>=data[j])
65          // 若樹根較大，結束比較過程
66              post=1;
67          else
68          {
69              data[j/2]=data[j];
70              // 若樹根較小，則繼續比較
71              j=2*j;
72          }
73      }
74      data[j/2]=tmp;
75          // 指定樹根為父節點
76  }
```

執行結果

```
原始陣列：[ 5] [ 6] [ 4] [ 8] [ 3] [ 2] [ 7] [ 1]
堆積內容：[ 8] [ 6] [ 7] [ 5] [ 3] [ 2] [ 4] [ 1]

處理過程：[ 7] [ 6] [ 4] [ 5] [ 3] [ 2] [ 1] [ 8]
處理過程：[ 6] [ 5] [ 4] [ 1] [ 3] [ 2] [ 7] [ 8]
處理過程：[ 5] [ 3] [ 4] [ 1] [ 2] [ 6] [ 7] [ 8]
處理過程：[ 4] [ 3] [ 2] [ 1] [ 5] [ 6] [ 7] [ 8]
處理過程：[ 3] [ 1] [ 2] [ 4] [ 5] [ 6] [ 7] [ 8]
處理過程：[ 2] [ 1] [ 3] [ 4] [ 5] [ 6] [ 7] [ 8]
處理過程：[ 1] [ 2] [ 3] [ 4] [ 5] [ 6] [ 7] [ 8]
排序結果：[ 1] [ 2] [ 3] [ 4] [ 5] [ 6] [ 7] [ 8]

--------------------------------
Process exited after 0.4993 seconds with return value 0
請按任意鍵繼續 . . .
```

想一想，怎麼做？

1. 請問排序的資料是以陣列資料結構來儲存，則下列的排序法中，何者的資料搬移量最大？(A) 氣泡排序法 (B) 選擇排序法 (C) 插入排序法

2. 請舉例說明合併排序法是否為一穩定排序？

3. 待排序鍵值如下：26、5、37、1、61，請使用選擇排序法列出每回合的結果。

4. 在排序過程中，資料移動的方式可分為哪兩種方式？兩者間的差異如何？

5. 請簡述基數排序法的主要特點。

6. 下列敘述正確與否？請說明原因。

   (1) 不論輸入資料為何，插入排序（Insertion Sort）的元素比較總數較泡沫排序（Bubble Sort）的元素比較次數之總數為少。

   (2) 若輸入資料已排序完成，則再利用堆積排序（Heap Sort）只需 O(n) 時間即可排序完成。n 為元素個數。

7. 如果依照執行時所使用的記憶體區分為哪兩種方式？

8. 何謂穩定的排序？請試著舉出三種穩定的排序？

Chapter

5 你一定要懂的
搜尋演算法

在資料處理過程中，是否能在最短時間內搜尋到所需要的資料，是一個相當值得資訊從業人員關心的議題。所謂搜尋（Search）指的是從資料檔案中找出滿足某些條件的記錄之動作，用以搜尋的條件稱為「鍵值」（Key），就如同排序所用的鍵值一樣，我們平常在電話簿中找某人的電話，那麼這個人的姓名就成為在電話簿中搜尋電話資料的鍵值。例如大家常使用的 Google 搜尋引擎所設計的 Spider 程式會主動經由網站上的超連結爬行到另一個網站，並收集每個網站上的資訊，並收錄到資料庫中，這就必須仰賴不同的搜尋演算法來進行。

▲ 我們每天都在搜尋許多標的物

此外，通常判斷一個搜尋法的好壞是由其比較次數及搜尋時間來決定，雜湊法又可稱為赫序法或散置法，任何透過雜湊搜尋的資料都不需要經過事先的排序，也就是說這種搜尋可以直接且快速的找到鍵值所放的地址。一般的搜尋技巧主要是透過各種不同的比較方式來搜尋所要的資料項目，反觀雜湊法則直接透過數學函數來取得對應的位址，因此可以快速找到所要的資料。

5-1　常見搜尋法介紹

如果根據資料量的大小，我們可將搜尋分為：

1. **內部搜尋**：資料量較小的檔案可以一次全部載入記憶體以進行搜尋。

2. **外部搜尋**：資料龐大的檔案便無法全部容納於記憶體中，這種檔案通常均先加以組織化，再存於磁碟中，搜尋時也必須循著檔案的組織性來達成。

電腦搜尋資料的優點是快速，但是當資料量很龐大時，如何在最短時間內有效的找到所需資料，是一個相當重要的課題；影響搜尋時間長短的主要因素包括有演算法、資料儲存的方式及結構。搜尋法和排序法一樣，如果是以搜尋過程中被搜尋的表格或資料是否異動來分類，區分為靜態搜尋（Static Search）及動態搜尋（Dynamic Search）。靜態搜尋是指資料在搜尋過程中，該搜尋資料不會有增加、刪除、或更新等行為，例如符號表搜尋就屬於一種靜態搜尋。而動態搜尋則是指所搜尋的資料，在搜尋過程中會經常性地增加、刪除、或更新。

↑ 在 Google中搜尋資料就是一種動態搜尋

　　搜尋的操作也算是相當典型的演算法，進行的方式和所選擇的資料結構有很大的關聯，接著就以幾種搜尋的演算法來說明這些關聯，例如循序法、二元搜尋法、費伯那法、插補搜尋法等。確實掌握各種搜尋之技巧基本原理，以便應用於日後各種領域。

5-2 循序搜尋法

　　循序搜尋法又稱線性搜尋法，是一種最簡單的搜尋法。它的方法是將資料一筆一筆的循序逐次搜尋。所以不管資料順序為何，都是得從頭到尾走訪過一次。此法的優點是檔案在搜尋前不需要作任何的處理與排序，缺點為搜尋速度較慢。如果資料沒有重複，找到資料就可中止搜尋的話，在最差狀況下是未找到資料，需作 n 次比較，最好狀況則是一次就找到，只需 1 次比較。

　　我們就以一個例子來說明，假設已存在數列 74, 53,61,28,99,46,88，如果要搜尋 28 需要比較 4 次；搜尋 74 僅需比較 1 次；搜尋 88 則需搜尋 7 次，這表示當搜尋的數列長度 n 很大時，利用循序搜尋是不太適合的，它是一種適用在小檔案的搜尋方法。在日常生活中，我們經常會使用到這種搜尋法，例如想在衣櫃中找衣服時，通常會從櫃子最上方的抽屜逐層尋找。

在抽屜中逐層找尋東西，也是一種循序搜尋法的應用

循序演算法分析

① 如果資料沒有重複，找到資料就可終止搜尋的話，在最差狀況是未找到資料，需作 n 次比較，時間複雜度為 O(n)。

② 在平均狀況下，假設資料出現的機率相等，則需 (n+1)/2 次比較。

③ 當資料量很大時，不適合使用循序搜尋法。但如果預估所搜尋的資料在檔案前端則可以減少搜尋的時間。

範例 CH05_01.cpp | 請設計一 C++ 程式，以亂數產生 1~150 間的 80 個整數，並實作循序搜尋法的過程。

```cpp
01  #include<iostream>
02  #include<iomanip>
03  #include<cstdlib>
04  using namespace std;
05  int main(void)
06  {
07      int i,j,val=0,data[80]={0};
08      for (i=0;i<80;i++)
09          data[i]=(rand()%150+1);
10      while (val!=-1)
11      {
12          int find=0;
13          cout<<" 請輸入搜尋鍵值 (1-150)，輸入 -1 離開：";
14          cin>>val;
15          for (i=0;i<80;i++)
16          {
17              if(data[i]==val)
18              {
19                  cout<<" 在第 "<<setw(3)<<i+1<<" 個位置找到鍵值
    ["<<data[i]<<"]"<<endl;
20                  find++;
21              }
22          }
23          if(find==0 && val !=-1)
24              cout<<"###### 沒有找到 ["<<val<<"]######"<<endl;
25      }
26      cout<<" 資料內容："<<endl;
```

```
27      for(i=0;i<10;i++)
28      {
29          for(j=0;j<8;j++)
30              cout<<setw(2)<<i*8+j+1<<"["<<setw(3)<<data[i*8+j]<<"]   ";
31          cout<<endl;
32      }
33      return 0;
34  }
```

執行結果

```
請輸入搜尋鍵值<1-150>，輸入-1離開：76
######沒有找到 [76]######
請輸入搜尋鍵值<1-150>，輸入-1離開：78
######沒有找到 [78]######
請輸入搜尋鍵值<1-150>，輸入-1離開：79
在第   7個位置找到鍵值 [79]
請輸入搜尋鍵值<1-150>，輸入-1離開：-1
資料內容：
 1[ 42]   2[ 18]   3[ 35]   4[101]   5[120]   6[125]   7[ 79]   8[109]
 9[113]  10[ 15]  11[  6]  12[ 96]  13[ 32]  14[ 28]  15[ 62]  16[ 42]
17[146]  18[ 93]  19[ 28]  20[ 37]  21[142]  22[ 55]  23[  3]  24[  4]
25[143]  26[ 83]  27[ 22]  28[117]  29[ 69]  30[ 96]  31[ 48]  32[127]
33[ 72]  34[139]  35[ 70]  36[113]  37[ 18]  38[ 50]  39[ 86]  40[145]
41[ 54]  42[112]  43[123]  44[ 34]  45[124]  46[ 15]  47[142]  48[ 62]
49[ 54]  50[119]  51[ 48]  52[ 45]  53[113]  54[ 58]  55[ 88]  56[110]
57[ 24]  58[142]  59[ 80]  60[ 29]  61[ 17]  62[ 36]  63[141]  64[ 43]
65[139]  66[107]  67[ 41]  68[ 93]  69[ 65]  70[149]  71[147]  72[106]
73[141]  74[130]  75[ 71]  76[ 51]  77[  7]  78[ 52]  79[ 94]  80[ 99]

--------------------------------
Process exited after 16.31 seconds with return value 0
請按任意鍵繼續 . . . ■
```

5-3 二分搜尋法

如果要搜尋的資料已經事先排序好，則可使用二分搜尋法來進行搜尋。二分搜尋法是將資料分割成兩等份，再比較鍵值與中間值的大小，如果鍵值小於中間值，可確定要找的資料在前半段的元素，否則在後半部。如此分割數次直到找到或確定不存在為止。例如要從已排序數列2、3、5、8、9、11、12、16、18中搜尋值為11時：

STEP **1** 首先跟第五個數值 9 比較。

數列內容 | 2 | 3 | 5 | 8 | 9 | 11 | 12 | 16 | 18

STEP **2** 因為 11>9，所以和後半部的中間值 12 比較。

數列內容 | 不處理 | 11 | 12 | 16 | 18

STEP **3** 因為 11<12，所以和前半部的中間值 11 比較。

數列內容 | 不處理 | 11 | 不處理

STEP **4** 因為 11=11，表示搜尋完成，如果不相等則表示找不到。

🔍 二分搜尋法分析

① 因為每次的搜尋都會比上一次少一半的範圍，最多只需要比較 $\lceil \log_2 n \rceil$ +1 或 $\lceil \log_2 (n+1) \rceil$，時間複雜度為 O(log n)。

② 二分法必須事先經過排序，且資料量必須能直接在記憶體中執行。

③ 此法適合用於不需增刪的靜態資料。

範例 **CH05_02.cpp** ┃ 請設計一 C++ 程式，以亂數產生 1~150 間的 80 個整數，並實作二分搜尋法的過程與步驟。

```cpp
01  #include<iostream>
02  #include<iomanip>
03  #include<cstdlib>
04  using namespace std;
05  int bin_search(int data[80],int val);
06  int main(void)
07  {
08      int num,val=1,data[80]={0};
09      for (int i=0;i<80;i++)
10      {
11          data[i]=val;
12          val+=(rand()%5+1);
13      }
14      while (1)
15      {
16          num=0;
17          cout<<" 請輸入搜尋鍵值 (1-150)，輸入 -1 結束：";
18          cin>>val;
19          if(val==-1)
20              break;
21          num=bin_search(data,val);
22          if(num==-1)
23              cout<<"##### 沒有找到 ["<<setw(3)<<val<<"] #####"<<endl;
24          else
25              cout<<" 在第 "<<setw(2)<<num+1<<" 個位置找到 ["<<setw(3)<<data[num]<<"]"<<endl;
26      }
27      cout<<" 資料內容："<<endl;
28      for(int i=0;i<8;i++)
29      {
30          for(int j=0;j<10;j++)
31              cout<<setw(3)<<i*10+j+1<<"-"<<setw(3)<<data[i*10+j];
32          cout<<endl;
33      }
34      cout<<endl;
35      return 0;
36  }
37  int bin_search(int data[80],int val)
38  {
39      int low,mid,high;
40      low=0;
41      high=79;
```

```
42        cout<<" 搜尋處理中 ......"<<endl;
43        while(low <= high && val !=-1)
44        {
45            mid=(low+high)/2;
46            if(val<data[mid])
47            {
48                cout<<val<<" 介於位置 "<<low+1<<"["<<setw(3)<<data[low]<<"] 及
    中間值 "<<mid+1<<"["<<setw(3)<<data[mid]<<"]，找左半邊 "<<endl;
49                high=mid-1;
50            }
51            else if(val>data[mid])
52            {
53                cout<<val<<" 介於中間值位置 "<<mid+1<<"["<<setw(3)<<data
    [mid]<<"] 及 "<<high+1<<"["<<setw(3)<<data[high]<<"]，找右半邊 "<<endl;
54                low=mid+1;
55            }
56            else
57                return mid;
58        }
59        return -1;
60    }
```

執行結果

```
請輸入搜尋鍵值(1-150)，輸入-1結束：69
搜尋處理中......
69 介於位置 1[  1]及中間值 40[115]，找左半邊
69 介於中間值位置 20[ 56]及39[114]，找左半邊
69 介於位置 21[ 58]及中間值 30[ 86]，找左半邊
69 介於位置 21[ 58]及中間值 25[ 72]，找左半邊
69 介於中間值位置 22[ 60]及24[ 68]，找右半邊
69 介於中間值位置 23[ 65]及24[ 68]，找右半邊
69 介於中間值位置 24[ 68]及24[ 68]，找右半邊
##### 沒有找到[ 69] #####
請輸入搜尋鍵值(1-150)，輸入-1結束：60
搜尋處理中......
60 介於位置 1[  1]及中間值 40[115]，找左半邊
60 介於中間值位置 20[ 56]及39[114]，找右半邊
60 介於位置 21[ 58]及中間值 30[ 86]，找左半邊
60 介於位置 21[ 58]及中間值 25[ 72]，找左半邊
在第 22個位置找到 [ 60]
請輸入搜尋鍵值(1-150)，輸入-1結束：-1
資料內容：
 1-  1  2-  3  3-  6  4- 11  5- 12  6- 17  7- 22  8- 26  9- 30 10- 33
11- 38 12- 39 13- 40 14- 42 15- 45 16- 47 17- 49 18- 50 19- 53 20- 56
21- 58 22- 60 23- 65 24- 68 25- 72 26- 75 27- 78 28- 80 29- 82 30- 86
31- 87 32- 90 33- 92 34- 94 35- 98 36-103 37-106 38-109 39-114 40-115
41-120 42-124 43-126 44-129 45-133 46-137 47-142 48-144 49-146 50-150
51-154 52-157 53-162 54-165 55-168 56-171 57-176 58-180 59-182 60-187
61-191 62-193 63-194 64-195 65-198 66-202 67-204 68-205 69-208 70-213
71-217 72-219 73-220 74-221 75-226 76-227 77-228 78-230 79-232 80-236


------------------------------------
Process exited after 7.849 seconds with return value 0
請按任意鍵繼續 . . .
```

5-4 內插搜尋法

內插搜尋法（Interpolation Search）又叫做插補搜尋法，是二分搜尋法的改版。它是依照資料位置的分佈，利用公式預測資料的所在位置，再以二分法的方式漸漸逼近。使用內插法是假設資料平均分佈在陣列中，而每一筆資料的差距是相當接近或有一定的距離比例。其內插法的公式為：

```
Mid=low+((key-data[low])/(data[high]-data[low]))*(high-low)
```

其中 key 是要尋找的鍵，data[high]、data[low] 是剩餘待尋找記錄中的最大值及最小值，對資料筆數為 n，其插補搜尋法的步驟如下：

❶ 將記錄由小到大的順序給予 1,2,3...n 的編號

❷ 令 low=1，high=n

❸ 當 low<high 時，重複執行步驟 ❹ 及步驟 ❺

❹ 令 Mid=low+((key-data[low])/(data[high]-data[low]))*(high-low)

❺ 若 key<key_{Mid} 且 high≠Mid-1 則令 high=Mid-1

❻ 若 key=key_{Mid} 表示成功搜尋到鍵值的位置

❼ 若 key>key_{Mid} 且 low≠Mid+1 則令 low=Mid+1

🔍 內插搜尋法分析

① 一般而言，內插搜尋法優於循序搜尋法，而如果資料的分佈愈平均，則搜尋速度愈快，甚至可能第一次就找到資料。此法的時間複雜度取決於資料分佈的情況而定，平均而言優於 O(log n)。

② 使用內插搜尋法資料需先經過排序。

範例 **CH05_03.cpp** ┃ 請設計一 C++ 程式，以亂數產生 **1~150** 間的 **50** 個整數，並實作內插搜尋法的過程與步驟。

```cpp
01  #include<iostream>
02  #include<iomanip>
03  #include<cstdlib>
04  using namespace std;
05  int interpolation_search (int*,int);
06  int main(void)
07  {
08      int i,j,val=1,num,data[50]={0};
09      for (i=0;i<50;i++)
10      {
11          data[i]=val;
12          val+=(rand()%5+1);
13      }
14      while(1)
15      {
16          num=0;
17          cout<<" 請輸入搜尋鍵值 (1-150)，輸入 -1 結束：";
18          cin>>val;
19          if(val==-1)
20              break;
21          num= interpolation_search (data,val);
22          if(num==-1)
23              cout<<"##### 沒有找到 ["<<setw(3)<<val<<"] #####"<<endl;
24          else
25              cout<<" 在第  "<<setw(2)<<num+1<<" 個位置找到  ["<<setw(3)<<data
    [num]<<"]"<<endl;
26      }
27      cout<<" 資料內容："<<endl;
28      for(i=0;i<5;i++)
29      {
30          for(j=0;j<10;j++)
31              cout<<setw(3)<<i*10+j+1<<"-"<<setw(3)<<data[i*10+j];
32          cout<<endl;
33      }
34      system("pause");
35      return 0;
36  }
37  int interpolation_search (int data[50],int val)
38  {
```

```
39        int low,mid,high;
40        low=0;
41        high=49;
42        cout<<" 搜尋處理中 ......"<<endl;
43        while(low<= high && val !=-1)
44        {
45            mid=low+((val-data[low])*(high-low)/(data[high]-data[low]));
      // 內插法公式
46            if (val==data[mid])
47                return mid;
48            else if (val < data[mid])
49            {
50                cout<<val<<" 介於位置 "<<low+1<<"["<<setw(3)<<data[low]<<"] 及
      中間值 "<<mid+1<<"["<<setw(3)<<data[mid]<<"]，找左半邊 "<<endl;
51                high=mid-1;
52            }
53            else if(val > data[mid])
54            {
55                cout<<val<<" 介於中間值位置 "<<mid+1<<"["<<setw(3)<<data[mid]
      <<"] 及 "<<high+1<<"["<<setw(3)<<data[high]<<"]，找右半邊 "<<endl;
56                low=mid+1;
57            }
58        }
59        return -1;
60  }
```

執行結果

```
請輸入搜尋鍵值(1-150)，輸入-1結束：76
搜尋處理中......
76 介於中間值位置 25[ 72]及50[150]，找右半邊
76 介於中間值位置 26[ 75]及50[150]，找右半邊
76 介於位置 27[ 78]及中間值 27[ 78]，找左半邊
##### 沒有找到[ 76] #####
請輸入搜尋鍵值(1-150)，輸入-1結束：68
搜尋處理中......
68 介於中間值位置 23[ 65]及50[150]，找右半邊
在第 24個位置找到 [ 68]
請輸入搜尋鍵值(1-150)，輸入-1結束：-1
資料內容：
 1- 1  2- 3  3- 6  4- 11  5- 12  6- 17  7- 22  8- 26  9- 30 10- 33
11- 38 12- 39 13- 40 14- 42 15- 45 16- 47 17- 49 18- 50 19- 53 20- 56
21- 58 22- 60 23- 65 24- 68 25- 72 26- 75 27- 78 28- 80 29- 82 30- 86
31- 87 32- 90 33- 92 34- 94 35- 98 36-103 37-106 38-109 39-114 40-115
41-120 42-124 43-126 44-129 45-133 46-137 47-142 48-144 49-146 50-150

--------------------------------
Process exited after 8.09 seconds with return value 0
請按任意鍵繼續 . . .
```

5-5 費氏搜尋法

費氏搜尋法（Fibonacci Search）又稱費伯那搜尋法，此法和二分法一樣都是以切割範圍來進行搜尋，不同的是費氏搜尋法不以對半切割，而是以費氏級數的方式切割。

費氏級數 F(n) 的定義如下：

$$\begin{cases} F_0=0 \ , F_1=1 \\ F_i=F_{i-1}+F_{i-2} \ , 1 \geq 2 \end{cases}$$

費氏級數：0,1,1,2,3,5,8,13,21,34,55,89,...。也就是除了第 0 及第 1 個元素外，每個值都是前兩個值的加總。

費氏搜尋法的好處是只用到加減運算而不需用到乘法及除法，這以電腦運算的過程來看效率會高於前兩種搜尋法。在尚未介紹費氏搜尋法之前，我們先來認識費氏搜尋樹。所謂費氏搜尋樹是以費氏級數的特性所建立的二元樹，其建立的原則如下：

① 費氏樹的左右子樹均亦為費氏樹。

② 當資料個數 n 決定，若想決定費氏樹的階層 k 值為何，我們必須找到一個最小的 k 值，使得費氏級數的 Fib(k+1)≥n+1。

③ 費氏樹的樹根定為一費氏數，且子節點與父節點的差值絕對值為費氏數。

④ 當 k≥2 時，費氏樹的樹根為 Fib(k)，左子樹為 (k-1) 階費氏樹（其樹根為 Fib(k-1)），右子樹為 (k-2) 階費氏樹（其樹根為 Fib(k)+Fib(k-2)）。

⑤ 若 n+1 值不為費氏數的值，則可以找出存在一個 m 使用 Fib(k+1)-m=n+1，m=Fib(k+1)-(n+1)，再依費氏樹的建立原則完成費氏樹的建立，最後費氏樹的各節點再減去差值 m 即可，並把小於 1 的節點去掉即可。

費氏樹的建立過程概念圖，我們以下圖為您示範說明：

▲ k 階費氏樹示意圖

也就是說當資料個數為 n，且我們找到一個最小的費氏數 Fib(k+1) 使得 Fib(k+1)≥n+1。則 Fib(k) 就是這棵費氏樹的樹根，而 Fib(k-2) 則是與左右子樹開始的差值，左子樹用減的；右子樹用加的。例如我們來實際求取 n=33 的費氏樹：

由於 n=33，且 n+1=34 為一費氏數，並我們知道費氏數列的三項特性：

```
Fib(0)=0
Fib(1)=1
Fib(k)=Fib(k-1)+Fib(k-2)
```

得知 Fib(0)=0、Fib(1)=1、Fib(2)=1、Fib(3)=2、Fib(4)=3、Fib(5)=5、Fib(6)=8、Fib(7)=13、Fib(8)=21、Fib(9)=34

由上式可得知 Fib(k+1)=34➜k=8，建立二元樹的樹根為 Fib(8)=21

左子樹樹根為 Fib(8-1)=Fib(7)=13

右子樹樹根為 Fib(8) + Fib(8-2)=21+8=29

依此原則我們可以建立如下的費氏樹：

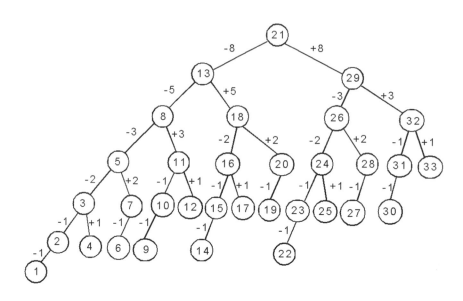

　　費氏搜尋法是以費氏樹來找尋資料，如果資料的個數為 n，而且 n 比某一費氏數小，且滿足如下的運算式：

```
Fib(k+1) ≥n+1
```

　　此時 Fib(k) 就是這棵費氏樹的樹根，而 Fib(k-2) 則是與左右子樹開始的差值，若我們要尋找的鍵值為 key，首先比較陣列索引 Fib(k) 和鍵值 key，此時可以有下列三種比較情況：

❶ 當 key 值比較小，表示所找的鍵值 key 落在 1 到 Fib(k)-1 之間，故繼續尋找 1 到 Fib(k)-1 之間的資料。

❷ 如果鍵值與陣列索引 Fib(k) 的值相等，表示成功搜尋到所要的資料。

❸ 當 key 值比較大，表示所找的鍵值 key 落在 Fib(k)+1 到 Fib(k+1)-1 之間，故繼續尋找 Fib(k)+1 到 Fib(k+1)-1 之間的資料。

🔍 費氏搜尋法分析

① 平均而言，費氏搜尋法的比較次數會少於二元搜尋，但在最壞的情況下則二元搜尋法較快。其平均時間複雜度為 $O(\log_2 N)$。

② 費氏搜尋演算法較為複雜，需額外產生費氏樹。

範例 **CH05_04.cpp** ▎ 請設計一費氏搜尋法的 C++ 程式，並實作費氏搜尋法的過程與步驟。

```cpp
01  #include <iostream>
02  #include <cstdlib>
03  #include <iomanip>
04  #define MAX 20
05  using namespace std;
06  int fib(int n)
07  {
08      if(n==1 || n==0)
09          return n;
10      else
11          return fib(n-1)+fib(n-2);
12  }
13  int fib_search(int data[MAX],int SearchKey)
14  {
15      int index=2;
16      // 費氏數列的搜尋
17      while(fib(index)<=MAX)
18          index++;
19      index--;
20      //index >=2
21      // 起始的費氏數
22      int RootNode=fib(index);
23      // 上一個費氏數
24      int diff1=fib(index-1);
25      // 上二個費氏數即 diff2=fib(index-2)
26      int diff2=RootNode-diff1;
27      RootNode--;// 這列運算式是配合陣列的索引是從 0 開始儲存資料
28      while(1)
29      {
30          if(SearchKey==data[RootNode])
31          {
```

```
32              return RootNode;
33          }
34      else
35      {
36              if(index==2) return MAX; // 沒有找到
37              if(SearchKey<data[RootNode])
38              {
39                  RootNode=RootNode-diff2;// 左子樹的新費氏數
40                  int temp=diff1;
41                  diff1=diff2;// 上一個費氏數
42                  diff2=temp-diff2;// 上二個費氏數
43                  index=index-1;
44              }
45          else
46          {
47                  if(index==3) return MAX;
48                  RootNode=RootNode+diff2;// 右子樹的新費氏數
49                  diff1=diff1-diff2;// 上一個費氏數
50                  diff2=diff2-diff1;// 上二個費氏數
51                  index=index-2;
52          }
53      }
54      }
55  }
56  int main(void)
57  {
58      int data[]={5,7,12,23,25,37,48,54,68,77,
59                  91,99,102,110,118,120,130,135,136,150};
60      int val;
61      int i=0;
62      int j=0;
63      while(1)
64      {
65          cout<<" 請輸入搜尋鍵值 (1-150)，輸入 -1 結束：";
66          cin>>val;// 輸入搜尋的數值
67          if(val==-1)// 輸入值為 -1 就跳離迴圈
68              break;
69          int RootNode=fib_search(data,val);// 利用費氏搜尋法找尋資料
70          if(RootNode==MAX)
71              cout<<"##### 沒有找到 ["<<setw(3)<<val<<"] #####"<<endl;
72          else
73              cout<<" 在第 "<<setw(2)<<RootNode+1
```

```
74                    <<"個位置找到 ["<<setw(3)<<data[RootNode]<<"]"<<endl;
75        }
76        cout<<"資料內容："<<endl;
77        for(i=0;i<2;i++)
78        {
79            for(j=0;j<10;j++)
80                cout<<setw(3)<<i*10+j+1<<"-"<<setw(3)<<data[i*10+j];
81            cout<<endl;
82        }
83        return 0;
84  }
```

○ 執行結果

```
請輸入搜尋鍵值<1-150>，輸入-1結束：45
##### 沒有找到[ 45] #####
請輸入搜尋鍵值<1-150>，輸入-1結束：50
##### 沒有找到[ 50] #####
請輸入搜尋鍵值<1-150>，輸入-1結束：48
在第  7個位置找到 [ 48]
請輸入搜尋鍵值<1-150>，輸入-1結束：-1
資料內容：
  1-  5   2-  7   3- 12   4- 23   5- 25   6- 37   7- 48   8- 54   9- 68  10- 77
 11- 91  12- 99  13-102  14-110  15-118  16-120  17-130  18-135  19-136  20-150

-----------------------------------
Process exited after 17.93 seconds with return value 0
請按任意鍵繼續 . . .
```

想一想，怎麼做？

1. 若有 n 筆資料已排序完成，請問用二元搜尋法找尋其中某一筆資料，其搜尋時間約為？ (A) $O(\log^2 n)$ (B) $O(n)$ (C) $O(n^2)$ (D) $O(\log_2 n)$

2. 請問使用二元搜尋法（Binary Search）的前提條件是什麼？

3. 有關二元搜尋法，下列敘述何者正確？ (A) 檔案必須事先排序 (B) 當排序資料非常小時，其時間會比循序搜尋法慢 (C) 排序的複雜度比循序搜尋法高 (D) 以上皆正確

4. 費氏搜尋法搜尋的過程中算術運算比二元搜尋法簡單，請問上述說明是否正確？

5. A[i]=2i，$1 \leq i \leq n$。若欲搜尋鍵值為 2k-1，請以插補搜尋法進行搜尋，試求須比較幾次才能確定此為一失敗搜尋？

6. 試寫出下列一組資料 (1,2,3,6,9,11,17,28,29,30,41,47,53,55,67,78) 以插補法找到 9 的過程。

6

全方位應用的
陣列與串列演算法

▷ 矩陣演算法與深度學習

▷ 陣列與多項式

▷ 徹底玩轉單向串列演算法

▷ 串列與多項式

陣列與鏈結串列都是相當重要的結構化資料型態（Structured Data Type），也都是一種典型線性串列的應用，線性串列也可應用在電腦中的資料儲存結構，基本上按照記憶體儲存的方式，可區分為以下兩種方式：

靜態資料結構

陣列型態就是一種典型的靜態資料結構（Static Data Structure），是一種將有序串列的資料使用連續記憶空間（Contiguous Allocation）來儲存。靜態資料結構的記憶體配置是在編譯時，就必須配置給相關的變數，因此在建立初期，必須事先宣告最大可能的固定記憶空間，容易造成記憶體的浪費，優點是設計時相當簡單，及讀取與修改串列中任一元素的時間都固定，缺點則是刪除或加入資料時，需要移動大量的資料。

動態資料結構

「鏈結串列」（Linked List）又稱為動態資料結構（Dynamic Data Structure），使用不連續記憶空間來儲存，優點是資料的插入或刪除都相當方便，不需要移動大量資料。另外動態資料結構的記憶體配置是在執行時才發生，所以不需事先宣告，能夠充份節省記憶體。缺點就是在設計資料結構時較為麻煩，另外在搜尋資料時，也無法像靜態資料一般可以隨機讀取資料，必須透過循序方法找到該資料為止。

6-1 矩陣演算法與深度學習

從數學的角度來看，對於 m*n 矩陣（Matrix）的形式，可以利用電腦中 A(m,n) 二維陣列來描述，因此許多矩陣的相關運算與應用，都是使用電腦中的陣列結構來解決。如下圖 A 矩陣，是否立即想到了一個宣告為 A(1:3,1:3) 的二維陣列。

$$A = \begin{bmatrix} a_{11} & a_{12} & a_{13} \\ a_{21} & a_{22} & a_{23} \\ a_{31} & a_{32} & a_{33} \end{bmatrix}_{3 \times 3}$$

　　例如在 3D 圖學中也經常使用矩陣，因為它可用來清楚的表示模型資料的投影、擴大、縮小、平移、偏斜與旋轉等等運算。

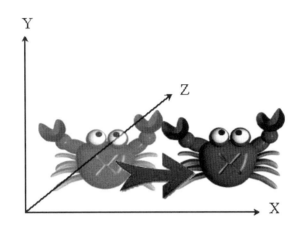

▲ 矩陣平移是物體在 3D 世界向著某一個向量方向移動

TIPS 在三維空間中，向量以 (a, b, c) 表示，其中 a、b、c 分別表示向量在 x、y、z 軸的分量。在右圖中的 A 向量是一個由原點出發指向三維空間中的一個點 (a, b, c)，也就是說，向量同時包含了大小及方向兩種特性，所謂的單位向量，指的是向量長度（Norm）為 1 的向量。通常在向量計算時，為了降低計算上的複雜度，會以單位向量（Unit Vector）來進行運算，所以使用向量表示法就可以指明某變量的大小與方向。

　　深度學習（Deep Learning, DL）則是目前最熱門的話題，不但是人工智慧（AI）的一個分支，也可以看成是具有層次性的機器學習法（Machine Learning, ML），更將 AI 推向類似人類學習模式的優異發展，在深度學習中，線性代數是一個強大的數學工具箱，常常遇到需要使用大量的矩陣運算來提高計算效率。

深度學習是源自於類神經網路（Artificial Neural Network）模型，並且結合了神經網路架構與大量的運算資源，目的在於讓機器建立與模擬人腦進行學習的神經網路，以解釋大數據中圖像、聲音和文字等多元資料。如果要使得類神經網路能正確的運作，必須透過訓練的方式，讓類神經網路反覆學習，經過一段時間的經驗值，才能有效學習到初步運作的模式。由於神經網路是將權重存儲在矩陣中，矩陣多半是多維模式，以便考慮各種參數組合，當然就會牽涉到「矩陣」的大量運算。

類神經網路的原理也可以應用在電腦遊戲中

6-1-1 矩陣相加演算法

矩陣的相加運算則較為簡單，前提是相加的兩矩陣列數與行數都必須相等，而相加後矩陣的列數與行數也是相同。必須兩者的列數與行數都相等，例如 $A_{mxn}+B_{mxn}=C_{mxn}$。以下我們就來實際進行一個矩陣相加的例子：

$$
\begin{bmatrix} 1 & 3 & 5 \\ 7 & 9 & 11 \\ 13 & 15 & 17 \end{bmatrix}_{3\times3}
+
\begin{bmatrix} 9 & 8 & 7 \\ 6 & 5 & 4 \\ 3 & 2 & 1 \end{bmatrix}_{3\times3}
=
\begin{bmatrix} 10 & 11 & 12 \\ 13 & 14 & 15 \\ 16 & 17 & 18 \end{bmatrix}_{3\times3}
$$

A 矩陣　　　　　　　B 矩陣　　　　　　　C 矩陣

範例 **CH06_01.cpp** ┃ 請設計一 C++ 程式來宣告 3 個二維陣列來實作 2 個矩陣相加的過程，並顯示兩矩陣相加後的結果。其中 A 與 B 矩陣的內容如下：

```
int A[ROWS][COLS] = {{1,3,5},
                     {7,9,11},
                     {13,15,17}};
int B[ROWS][COLS] = {{9,8,7},
                     {6,5,4},
                     {3,2,1}};
```

```
01  /*
02  [ 示範 ]: 兩個矩陣相加的運算
03  */
04  #include <iostream>
05  using namespace std;
06
07  const int  ROWS = 3;
08  const int COLS = 3;
09  void MatrixAdd(int*,int*,int*,int,int);     // 函數原型
10  int main()
11  {
12      int A[ROWS][COLS] = {{1,3,5},
13                           {7,9,11},
14                           {13,15,17}};
15      int B[ROWS][COLS] = {{9,8,7},
16                           {6,5,4},
17                           {3,2,1}};
18      int C[ROWS][COLS] = {0};
19      cout<<"[ 矩陣 A 的各個元素 ]"<<endl; // 印出矩陣 A 的內容
20      for(int i=0;i<ROWS;i++)
21      {
22          for(int j=0;j<COLS;j++)
23              cout<<A[i][j]<<"\t";
24          cout<<endl;
25      }
26      cout<<"[ 矩陣 B 的各個元素 ]"<<endl; // 印出矩陣 B 的內容
27      for(int i=0;i<ROWS;i++)
28      {
29          for(int j=0;j<COLS;j++)
30              cout<<B[i][j]<<"\t";
```

```
31          cout<<endl;
32      }
33      MatrixAdd(&A[0][0],&B[0][0],&C[0][0],ROWS,COLS);
34      cout<<"[ 顯示矩陣 A 和矩陣 B 相加的結果 ]"<<endl;    // 印出 A+B 的內容
35      for(int i=0;i<ROWS;i++)
36      {
37          for(int j=0;j<COLS;j++)
38              cout<<C[i][j]<<"\t";
39          cout<<endl;
40      }
41      return 0;
42  }
43  void MatrixAdd(int* arrA,int* arrB,int* arrC,int dimX,int dimY)
44  {
45      if(dimX<=0||dimY<=0)
46      {
47          cout<<" 矩陣維數必須大於 0"<<endl;
48          return;
49      }
50      for(int row=1;row<=dimX;row++)
51          for(int col=1;col<=dimY;col++)
52              arrC[(row-1)*dimY+(col-1)]=arrA[(row-1)*dimY+(col-1)]
53                                          +arrB[(row-1)*dimY+(col-1)];
54  }
```

🔄 **執行結果**

```
[矩陣A和矩陣B相加的結果]
10          11          12
13          14          15
16          17          18
```

6-1-2 矩陣相乘

如果談到兩個矩陣 A 與 B 的相乘，是有某些條件限制。首先必須符合 A 為一個 m*n 的矩陣，B 為一個 n*p 的矩陣，對 A*B 之後的結果為一個 m*p 的矩陣 C。如下圖所示：

$$C_{11} = a_{11} * b_{11} + a_{12} * b_{21} + \ldots\ldots + a_{1n} * b_{n1}$$
$$\vdots$$
$$\vdots$$
$$C_{1p} = a_{11} * b_{1p} + a_{12} * b_{2p} + \ldots\ldots + a_{1n} * b_{np}$$
$$\vdots$$
$$\vdots$$
$$C_{mp} = a_{m1} * b_{1p} + a_{m2} * b_{2p} + \ldots\ldots + a_{mn} * b_{np}$$

範例 **CH06_02.cpp** ┃ 請設計一 **C++** 程式來實作下列兩個可自行輸入矩陣維數的相乘過程，並顯示相乘後的結果。

```
01  /*
02  [ 示範 ]: 運算兩個矩陣相乘的結果
03  */
04  #include <iostream>
05  using namespace std;
06
07  void MatrixMultiply(int*,int*,int*,int,int,int);
08  int main()
09  {
10      int M,N,P;
11      int i,j;
12      // 矩陣 A 部分
13      cout<<" 請輸入矩陣 A 的維數 (M,N): "<<endl;
14      cout<<"M= ";
15      cin>>M;
16      cout<<"N= ";
17      cin>>N;
18      int *A = new int[M*N];
19      cout<<"[ 請輸入矩陣 A 的各個元素 ]"<<endl;
20      for(i=0;i<M;i++)
```

```
21        for(j=0;j<N;j++)
22            {
23                cout<<"a"<<i<<j<<"=";
24                cin>>A[i*N+j];
25            }
26    // 矩陣 B 部分
27    cout<<" 請輸入矩陣 B 的維數 (N,P)： "<<endl;
28    cout<<"N= ";
29    cin>>N;
30    cout<<"P= ";
31    cin>>P;
32    int *B = new int [N*P];
33    cout<<"[ 請輸入矩陣 B 的各個元素 ]"<<endl;
34    for(i=0;i<N;i++)
35        for(j=0;j<P;j++)
36        {
37            cout<<"b"<<i<<j<<"=";
38            cin>>B[i*P+j];
39        }
40    int *C = new int [M*P];
41    MatrixMultiply(A,B,C,M,N,P); // 呼叫函數
42    cout<<"[AxB 的結果是 ]"<<endl;
43    for(i=0;i<M;i++)
44    {
45        for(j=0;j<P;j++)
46            cout<<C[i*P+j]<<"\t";
47        cout<<endl;
48    }
49 }
50 // 進行矩陣相乘
51 void MatrixMultiply(int* arrA,int* arrB,int* arrC,int M,int N,int P)
52 {
53     if(M<=0||N<=0||P<=0)
54     {
55         cout<<"[ 錯誤：維數 M,N,P 必須大於 0]"<<endl;
56         return;
57     }
58     for(int i=0;i<M;i++)
59         for(int j=0;j<P;j++)
60         {
61             int Temp;
62             Temp = 0;
```

```
63                   for(int k=0;k<N;k++)
64                        Temp = Temp + arrA[i*N+k]*arrB[k*P+j];
65                   arrC[i*P+j] = Temp;
66              }
67    }
```

🔁 **執行結果**

```
請輸入矩陣A的維數<M,N>:
M= 2
N= 3
[請輸入矩陣A的各個元素]
a00=1
a01=2
a02=3
a10=4
a11=5
a12=6
請輸入矩陣B的維數<N,P>:
N= 3
P= 2
[請輸入矩陣B的各個元素]
b00=3
b01=4
b10=6
b11=1
b20=2
b21=7
[A×B的結果是]
21       27
54       63

-------------------------------
Process exited after 28.61 seconds with return value 0
請按任意鍵繼續 . . .
```

6-1-3　轉置矩陣

「轉置矩陣」(A^t) 就是把原矩陣的行座標元素與列座標元素相互調換，假設 A^t 為 A 的轉置矩陣，則有 $A^t[j,i]=A[i,j]$，如下圖所示：

$$A=\begin{bmatrix} 1 & 2 & 3 \\ 4 & 5 & 6 \\ 7 & 8 & 9 \end{bmatrix}_{3\times3} \quad A^t=\begin{bmatrix} 1 & 4 & 7 \\ 2 & 5 & 8 \\ 3 & 6 & 9 \end{bmatrix}_{3\times3}$$

範例 **CH06_03.cpp** ▌ 請設計一 **C++** 程式來實作下列可自行輸入矩陣維數矩陣的轉置矩陣。

```
01  /*
02  [ 示範 ]: 求出 MxN 矩陣的轉置矩陣
03  */
04  #include <iostream>
05  using namespace std;
06
07  int main()
08  {
09      int M,N,row,col;
10      cout<<"[ 輸入 MxN 矩陣的維度 ]"<<endl;
11      cout<<" 請輸入維度 M: ";
12      cin>>M;
13      cout<<" 請輸入維度 N: ";
14      cin>>N;
15
16      int *arrA = new int[M*N];// 宣告動態陣列
17      int *arrB = new int[M*N];
18      cout<<"[ 請輸入矩陣內容 ]"<<endl;
19      for(row=1;row<=M;row++)
20      {
21          for(col=1;col<=N;col++)
22          {
23              cout<<"a"<<row<<col<<"=";
24              cin>>arrA[(row-1)*N+(col-1)];
25          }
26      }
27      cout<<"[ 輸入矩陣內容為 ]"<<endl;
28      for(row=1;row<=M;row++)
29      {
30          for(col=1;col<=N;col++)
31          {
32              cout<<arrA[(row-1)*N+(col-1)]<<»\t»;
33          }
34          cout<<endl;
35      }
36      // 進行矩陣轉置的動作
37      for(row=1;row<=N;row++)
38          for(col=1;col<=M;col++)
```

```
39                    arrB[(col-1)*N+(row-1)]=arrA[(row-1)+(col-1)*N];
40
41      cout<<"[ 轉置矩陣內容為 ]"<<endl;
42      for(row=1;row<=N;row++)
43      {
44          for(col=1;col<=M;col++)
45          {
46              cout<<arrB[(col-1)*N+(row-1)]<<»\t»;
47          }
48          cout<<endl;
49      }
50  }
```

執行結果

```
[輸入MxN矩陣的維度]
請輸入維度M: 3
請輸入維度N: 4
[請輸入矩陣內容]
a11=1
a12=2
a13=3
a14=4
a21=5
a22=6
a23=7
a24=8
a31=9
a32=10
a33=11
a34=12
[輸入矩陣內容為]
1        2        3        4
5        6        7        8
9        10       11       12
[轉置矩陣內容為]
1        5        9
2        6        10
3        7        11
4        8        12

------------------------------------
Process exited after 26.52 seconds with return value 0
請按任意鍵繼續 . . . ■
```

6-1-4　稀疏矩陣

稀疏矩陣最簡單的定義就是一個矩陣中大部份的元素為 0，即可稱為「稀疏矩陣」（Sparse Matrix）。例如下列的矩陣就是相當典型的稀疏矩陣。

$$\begin{bmatrix} 25 & 0 & 0 & 32 & 0 & -25 \\ 0 & 33 & 77 & 0 & 0 & 0 \\ 0 & 0 & 0 & 55 & 0 & 0 \\ 0 & 0 & 0 & 0 & 0 & 0 \\ 101 & 0 & 0 & 0 & 0 & 0 \\ 0 & 0 & 38 & 0 & 0 & 0 \end{bmatrix} \quad 6 \times 6$$

　　當然如果直接使用傳統的二維陣列來儲存上圖的稀疏矩陣也是可以，但事實上有許多元素都是 0。這樣的作法在矩陣很大時的稀疏矩陣，就會十分浪費記憶體空間。

　　而改進空間浪費的方法就是利用三項式（3-tuple）的資料結構。我們把每一個非零項目以 (i, j, item-value) 來表示。更詳細的形容，就是假如一個稀疏矩陣有 n 個非零項目，那麼可以利用一個 A(0:n, 1:3) 的二維陣列來表示。

　　其中 A(0,1) 代表此稀疏矩陣的列數，A(0,2) 代表此稀疏矩陣的行數，而 A(0,3) 則是此稀疏矩陣非零項目的總數。另外每一個非零項目以 (i, j, item-value) 來表示。其中 i 為此非零項目所在的列數，j 為此非零項目所在的行數，item-value 則為此非零項的值。以上圖 6*6 稀疏矩陣為例，可以如下表示：

	1	2	3
0	6	6	8
1	1	1	25
2	1	4	32
3	1	6	-25
4	2	2	33
5	2	3	77
6	3	4	55
7	5	1	101
8	6	3	38

A(0,1)=> 表示此矩陣的列數

A(0,2)=> 表示此矩陣的行數

A(0,3)=> 表示此矩陣非零項目的總數

　　這種利用 3 項式（3-tuple）資料結構來壓縮稀疏矩陣，可以減少記憶體不必要的浪費。

CH06_04.cpp ▎ 請設計一 C++ 程式來利用 3 項式（3-tuple）資料結構，並壓縮 8*9 稀疏矩陣，以達到減少記憶體不必要的浪費，請使用 **rand()** 亂數來取矩陣的值。

```cpp
01  /*
02  [ 示範 ] : 壓縮稀疏矩陣並輸出結果
03  */
04  #include <iostream>
05  #include <ctime>
06  #include <cstdlib>
07  using namespace std;
08  const int _ROWS = 8;                    // 定義列數
09  const int _COLS = 9;                    // 定義行數
10  const int _NOTZERO = 8;                 // 定義稀疏矩陣中不為 0 的個數
11
12  int main ()
13  {
14      int i,j,tmpRW,tmpCL,tmpNZ;
15      int temp=1;
16      int Sparse[_ROWS][_COLS];           // 宣告稀疏矩陣
17      int Compress[_NOTZERO][3];          // 宣告壓縮矩陣
18      srand(time(NULL));
19      for (i=0;i<_ROWS;i++)               // 將稀疏矩陣的所有元素設為 0
20          for (j=0;j<_COLS;j++)
21              Sparse[i][j]=0;
22      tmpNZ=_NOTZERO;
23      for (i=1;i<tmpNZ+1;i++)
24      {
25          tmpRW = rand()%_ROWS;
26          tmpCL = rand()%_COLS;
27          if(Sparse[tmpRW][tmpCL]!=0)     // 避免同一個元素設定兩次數值而造成壓縮矩
                                            // 陣中有 0
28              tmpNZ++;
29          Sparse[tmpRW][tmpCL]=i;         // 隨機產生稀疏矩陣中非零的元素值
30      }
31      cout<<"[ 稀疏矩陣的各個元素 ]"<<endl; // 印出稀疏矩陣的各個元素
32      for (i=0;i<_ROWS;i++)
33      {
34          for (j=0;j<_COLS;j++)
35              cout<<"["<<Sparse[i][j]<<"] ";
36          cout<<endl;
```

```
37              }
38              // 開始壓縮稀疏矩陣
39              Compress[0][0] = _ROWS;
40              Compress[0][1] = _COLS;
41              Compress[0][2] = _NOTZERO;
42              for (i=0;i<_ROWS;i++)
43                  for (j=0;j<_COLS;j++)
44                      if (Sparse[i][j] != 0)
45                      {
46                          Compress[temp][0]=i;
47                          Compress[temp][1]=j;
48                          Compress[temp][2]=Sparse[i][j];
49                          temp++;
50                      }
51              cout<<"[ 稀疏矩陣壓縮後的內容 ]"<<endl; // 印出壓縮矩陣的各個元素
52              for (i=0;i<_NOTZERO+1;i++)
53              {
54                  for (j=0;j<3;j++)
55                      cout<<"["<<Compress[i][j]<<"] ";
56                  cout<<endl;
57              }
58    }
```

執行結果

```
[稀疏矩陣的各個元素]
[0] [0] [0] [0] [5] [0] [0] [0] [0]
[0] [0] [0] [0] [0] [0] [0] [1] [0]
[0] [0] [0] [0] [4] [0] [0] [0] [0]
[0] [0] [0] [0] [0] [0] [0] [0] [0]
[0] [0] [0] [7] [0] [0] [0] [0] [0]
[0] [0] [0] [0] [0] [0] [0] [0] [3]
[0] [0] [0] [0] [0] [0] [0] [0] [0]
[0] [0] [2] [6] [0] [0] [8] [0] [0]
[稀疏矩陣壓縮後的內容]
[8] [9] [8]
[0] [4] [5]
[1] [7] [1]
[2] [4] [4]
[4] [3] [7]
[5] [8] [3]
[7] [2] [2]
[7] [3] [6]
[7] [6] [8]

--------------------------------
Process exited after 0.6313 seconds with return value 0
請按任意鍵繼續 . . .
```

清楚了壓縮稀疏矩陣的儲存方法後，我們還要簡單說明稀疏矩陣的相關運算，例如轉置矩陣的問題就挺有趣的。依照轉置矩陣的基本定義，對於任何稀疏矩陣而言，它的轉置矩陣仍然是一個稀疏矩陣。

如果直接將此稀疏矩陣轉換，因為只利用兩個 for 迴圈，所以時間複雜度可以視為 O(columns*rows)。如果說利用一個用三項式表示的壓縮矩陣，它首先會決定在原始稀疏陣中每一行的元素個數。根據這個原因，就可以事先決定轉置矩陣中每一列的起始位置，接著再將原始稀疏矩陣中的元素一個個地放到轉置矩陣中的相關正確位置。這樣的做法可以將時間複雜度調整到 O(columns+rows)。

6-2　陣列與多項式

多項式是數學中相當重要的表現方式，通常如果使用電腦來處理多項式的各種相關運算，可以將多項式以陣列（Array）或鏈結串列（Linked List）來儲存。本節還是集中討論多項式以陣列結構表示的相關應用。

6-2-1　多項式陣列表示法

假如一個多項式 $P(x)=a_nx^n+a_{n-1}x^{n-1}+......+a_1x+a_0$，則稱 $P(x)$ 為一 n 次多項式。而一個多項式使用陣列結構儲存在電腦中的話，可以使用以下兩種模式：

1.　使用一個 n+2 長度的一維陣列存放，陣列的第一個位置儲存最大指數 n，其他位置依照指數 n 遞減，依序儲存相對應的係數：$P=(n,a_n,a_{n-1},......,a_1,a_0)$ 儲存在 A(1:n+2)，例如 $P(x)=2x^5+3x^4+5x^2+4x+1$，可轉換為成 A 陣列來表示，例如：

```
A={5,2,3,0,5,4,1}
```

使用這種表示法的優點就是在電腦中運用時，對於多項式的各種運算（如加法與乘法）較為方便設計。不過如果多項式的係數為多半為零，如 $x^{100}+1$，就顯得太浪費空間了。

2. 只儲存多項式中非零項目。如果有 m 項非零項目則使用 2m+1 長的陣列來儲存每一個非零項的指數及係數，但陣列的第一個元素則為此多項式非零項的個數。例如 $P(x)=2x^5+3x^4+5x^2+4x+1$，可表示成 A(1:2m+1) 陣列，例如：

```
A={5,2,5,3,4,5,2,4,1,1,0}
```

這種方法的優點是可以節省不必要的記憶空間浪費，但缺點則是在多項式各種演算法設計時，會較為複雜許多。

範例 **CH06_05.cpp** ▌ 請利用所介紹的第一種多項式表示法，來進行兩多項式 $A(x)=3x^4+7x^3+6x+2$，$B(x)=x^4+5x^3+2x^2+9$ 的加法運算。

```cpp
01   /*
02   [示範]:將兩個最高次方相等的多項式相加後輸出結果
03   */
04   #include <iostream>
05   using namespace std;
06
07   const int ITEMS = 6;
08   void PrintPoly(int Poly[],int items);
09   void PolySum(int Poly1[ITEMS],int Poly2[ITEMS]);
10   int main()
11   {
12       int PolyA[ITEMS]={4,3,7,0,6,2};    // 宣告多項式 A
13       int PolyB[ITEMS]={4,1,5,2,0,9};    // 宣告多項式 B
14       cout<<" 多項式 A=>";
15       PrintPoly(PolyA,ITEMS);            // 印出多項式 A
16       cout<<" 多項式 B=>";
17       PrintPoly(PolyB,ITEMS);            // 印出多項式 B
18       cout<<"A+B =>";
19       PolySum(PolyA,PolyB);// 多項式 A+ 多項式 B
20   }
21   void PrintPoly(int Poly[],int items)
22   {
23       int MaxExp;
24       MaxExp=Poly[0];
25       for(int i=1;i<=Poly[0]+1;i++)
26       {
```

```
27          MaxExp--;
28          if(Poly[i]!=0) // 如果該項式 0 就跳過
29          {
30              if((MaxExp+1)!=0)
31                  cout<<" "<<Poly[i]<<"X^"<<MaxExp+1<<" ";
32              else
33                  cout<<" "<<Poly[i];
34              if(MaxExp>=0)
35                  cout<<"+";
36          }
37      }
38      cout<<endl;
39  }
40  void PolySum(int Poly1[ITEMS],int Poly2[ITEMS])
41  {
42      int result[ITEMS];
43      result[0] = Poly1[0];
44      for(int i=1;i<=Poly1[0]+1;i++)
45          result[i]=Poly1[i]+Poly2[i];// 等冪的係數相加
46      PrintPoly(result,ITEMS);
47  }
```

執行結果

```
多項式A=> 3X^4 + 7X^3 + 6X^1 + 2
多項式B=> 1X^4 + 5X^3 + 2X^2 + 9
A+B => 4X^4 + 12X^3 + 2X^2 + 6X^1 + 11

---------------------------------
Process exited after 0.2697 seconds with return value 0
請按任意鍵繼續 . . .
```

接下來請各位請使用多項式的兩種陣列表示法來儲存 $P(x)=8x^5+7x^4+5x^2+12$。

解答 ① P=(5,8,7,0,5,0,12)

② P=(5,8,5,7,4,5,2,12,0)

6-3 徹底玩轉單向串列演算法

在 C++ 中，若以動態配置產生鏈結點的方式，可以先行自訂一個類別資料型態，接著在類別中定義一個指標欄位其資料型態與此類別相同，用意在指向下一個鏈結點，及至少一個資料欄位。例如我們宣告一學生成績串列節點的結構宣告，並且包含下面兩個資料欄位；姓名（name）、成績（score），與一個指標欄位（next）。接著就可以動態建立鏈結串列中的每個節點。假設我們現在要新增一個節點至串列的尾端，且 ptr 指向串列的第一個節點，在程式上必須設計四個步驟：

❶ 動態配置記憶體空間給新節點使用。

❷ 將原串列尾端的指標欄（next）指向新元素所在的記憶體位置。

❸ 將 ptr 指標指向新節點的記憶體位置，表示這是新的串列尾端。

❹ 由於新節點目前為串列最後一個元素，所以將它的指標欄（next）指向 NULL。

例如要將 s1 的 next 變數指向 s2 的記憶體位址，而且 s2 的 next 變數指向 NULL：

```
s1.next = &s2;
s2.next = NULL;
```

由於串列的基本特性就是 next 變數將會指向下一個節點的記憶體位址，這時 s1 節點與 s2 節點間的關係就如下圖所示：

至於單向鏈結串列中的走訪（Traverse）過程，則是使用指標運算來拜訪串列中的每個節點。在此我們如果要走訪已建立三個節點的單向鏈結串列，可利用結構指標 ptr 來作為串列的讀取旗標，一開始是指向串列首。每次讀完串列的一個節點，就將 ptr 往下一個節點位址移動，直到 ptr 指向 NULL 為止。如下圖所示：

現在我們嘗試使用 C++ 語言的單向鏈結串列處理以下學生的成績問題。

座號	姓名	成績
01	黃小華	85
02	方小源	95
03	林大暉	68
04	孫阿毛	72
05	王小明	79

　　因為鏈結串列中的節點不只記錄單一數值，例如每一個節點除了有指向下一個節點的指標欄位外，還包括了記錄一位學生的姓名（name）、座號（num）、成績（score）。因此首先您必須宣告節點的資料型態，讓每一個節點包含一筆資料的指標，並且包含指向下一筆資料，使所有資料能被串在一起而形成一個串列結構。而節點資料型態宣告如下：

```
class  list              // 串列結構宣告
{                        // 類別內容以 {…}; 包起來
    public:
        int num;         // 座號
        char name[10];   // 姓名
        int score;       // 成績
        class list *next; // 指標，指向下一個節點
};
```

範例 **CH06_06.cpp** ｜ 請設計一 C++ 程式，來建立五個學生成績的單向鏈結串
列並走訪每一個節點來列印成績。

```
01   #include <iostream>
02   using namespace std;
03   class list
04   {
05       public:
06           int num,score;
07           char name[10];
08           class list *next;
09   };
10   typedef class list node;
11   typedef node *link;
12   int main()
13   {
14       link newnode,ptr,delptr; // 宣告三個串列結構指標
15       cout<<" 請輸入 5 筆學生資料："<<endl;
16       delptr=new node;   //delptr 暫當串列首
17       if (!delptr)
18       {
19           cout<<"[Error!! 記憶體配置失敗 !]"<<endl;
20           exit(1);
21       }
22       cout<<" 請輸入座號：";
23       cin>>delptr->num;
24       cout<<" 請輸入姓名：";
```

```
25      cin>>delptr->name;
26      cout<<"請輸入成績：";
27      cin>>delptr->score;
28      ptr=delptr;    // 保留串列首，以 ptr 為目前節點指標
29      for (int i=1;i<5;i++)
30      {
31          newnode=new node;   // 建立新節點
32          if(!newnode)
33          {
34              cout<<"[Error!! 記憶體配置失敗！"<<endl;
35              exit(1);
36          }
37          cout<<"請輸入座號：";
38          cin>>newnode->num;
39          cout<<"請輸入姓名：";
40          cin>>newnode->name;
41          cout<<"請輸入成績：";
42          cin>>newnode->score;
43          newnode->next=NULL;
44          ptr->next=newnode; // 把新節點加在串列後面
45          ptr=ptr->next;      // 讓 ptr 保持在串列的最後面
46      }
47      cout<<"\n  學   生   成   績 "<<endl;
48      cout<<"座號 \t 姓名 \t 成績 \n===================="<<endl;
49      ptr=delptr;              // 讓 ptr 回到串列首
50      while(ptr!=NULL)
51      {
52          cout<<ptr->num<<»\t»<<ptr->name<<»\t»<<ptr->score<<endl;
53          delptr=ptr;
54          ptr=ptr->next;       //ptr 依序往後走訪串列
55          delete delptr;       // 釋回記憶體空間
56      }
57  }
```

執行結果

```
請輸入 5 筆學生資料:
請輸入座號:1
請輸入姓名:黃小華
請輸入成績:85
請輸入座號:2
請輸入姓名:方小源
請輸入成績:95
請輸入座號:3
請輸入姓名:林大暉
請輸入成績:68
請輸入座號:4
請輸入姓名:孫阿毛
請輸入成績:72
請輸入座號:5
請輸入姓名:王小明
請輸入成績:79

    學 生 成 績
  座號   姓名    成績
====================
1      黃小華   85
2      方小源   95
3      林大暉   68
4      孫阿毛   72
5      王小明   79

------------------------------------
Process exited after 101.8 seconds with return value 0
請按任意鍵繼續 . . .
```

6-3-1　單向串列插入節點演算法

在單向鏈結串列中插入新節點,如同在一列火車中加入新的車廂,有三種情況:加於第 1 個節點之前、加於最後一個節點之後,以及加於此串列中間任一位置。接下來,我們利用圖解方式說明如下:

❶ **新節點插入在第一個節點之前,即成為此串列的首節點:**只需把新節點的指標指向串列的原來的第一個節點,再把串列指標首移到新節點上即可。

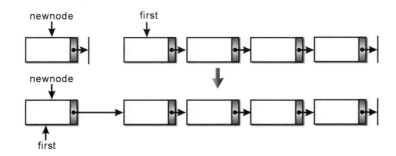

C++ 的演算法如下：

```
newnode->next=first;
first-=newnode;
```

❷ **新節點插入最後一個節點之後**：只需把串列的最後一個節點的指標指向新節點，新節點再指向 NULL 即可。

C++ 的演算法如下：

```
ptr->next=newnode;
newnode->next=NULL;
```

❸ **將新節點插入串列中間的位置**：例如插入的節點是在 X 與 Y 之間，只要將 X 節點的指標指向新節點，新節點的指標指向 Y 節點即可。如下圖所示：

接著把插入點指標指向的新節點。

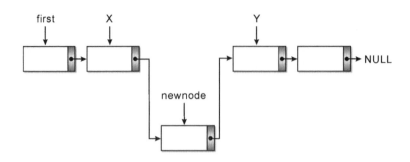

C++ 的演算法如下：

```
newnode->next=x->next;
x->next=newnode;
```

範例 **CH06_07.cpp** ▎ 請以 **C++** 語言來設計將前面的學生成績程式串列中的插入一筆學生成績資料新節點的程式。

```
01  #include <iostream>
02  #include <cstdlib>
03  #include <ctime>
04  #include <cstring>
05  #include <iomanip> // 操縱子的標頭檔
06  using namespace std;
07  class list
08  {
09      public:
10          int num,score;
11          char name[10];
12          class list *next;
13  };
14  typedef class list node;
15  typedef node *link;
16
17  link findnode(link head,int num)
18  {
19      link ptr;
20      ptr=head;
```

```
21      while(ptr!=NULL)
22      {
23          if(ptr->num==num)
24              return ptr;
25          ptr=ptr->next;
26      }
27      return ptr;
28  }
29
30  link insertnode(link head,link ptr,int num,int score,char name[10])
31  {
32      link InsertNode;
33      InsertNode=new node;
34      if(!InsertNode)
35          return NULL;
36      InsertNode->num=num;
37      InsertNode->score=score;
38      strcpy(InsertNode->name,name);
39      InsertNode->next=NULL;
40      if(ptr==NULL) // 插入第一個節點
41      {
42          InsertNode->next=head;
43          return InsertNode;
44      }
45      else
46      {
47          if(ptr->next==NULL)// 插入最後一個節點
48          {
49              ptr->next=InsertNode;
50          }
51          else // 插入中間節點
52          {
53              InsertNode->next=ptr->next;
54              ptr->next=InsertNode;
55          }
56      }
57      return head;
58  }
59
60
61  int main()
62  {
```

```
63      link head,ptr,newnode;
64      int new_num, new_score;
65      char new_name[10];
66      int i,j,position=0,find,data[12][2];
67      char namedata[12][10]={{"Allen"},{"Scott"},{"Marry"},
68      {"John"},{"Mark"},{"Ricky"},{"Lisa"},{"Jasica"},
69      {"Hanson"},{"Amy"},{"Bob"},{"Jack"}};
70      srand((unsigned)time(NULL));
71      cout<<" 座號  成績  座號  成績  座號  成績  座號  成績 "<<endl;
72      cout<<"============================================="<<endl;
73      for(i=0;i<12;i++)
74      {
75          data[i][0]=i+1;
76          data[i][1]=rand()%50+51;
77      }
78      for(i=0;i<3;i++)
79      {
80          for (j=0;j<4;j++)
81              cout<<"["<<data[j*3+i][0]<<"]   ["<<data[j*3+i][1]<<"]    ";
82          cout<<endl;
83      }
84      head=new node;   // 建立串列首
85      if(!head)
86      {
87          cout<<"Error!! 記憶體配置失敗 !!"<<endl;
88          exit(1);
89      }
90      head->num=data[0][0];
91      for (j=0;j<10;j++)
92          head->name[j]=namedata[0][j];
93      head->score=data[0][1];
94      head->next=NULL;
95      ptr=head;
96      for(i=1;i<12;i++)  // 建立串列
97      {
98          newnode=(link)malloc(sizeof(node));
99          newnode->num=data[i][0];
100         for (j=0;j<10;j++)
```

```
101                newnode->name[j]=namedata[i][j];
102          newnode->score=data[i][1];
103          newnode->next=NULL;
104          ptr->next=newnode;
105          ptr=ptr->next;
106      }
107      while(1)
108      {
109          cout<<" 請輸入要插入其後的學生編號，結束輸入 -1："
110          cin>>position;
111          if(position==-1)// 迴圈中斷條件
112              break;
113          else
114          {
115              ptr=findnode(head,position);
116              cout<<" 請輸入新插入的學生編號：";
117              cin>>new_num;
118              cout<<" 請輸入新插入的學生成績：";
119              cin>>new_score;
120              cout<<" 請輸入新插入的學生姓名：";
121              cin>>new_name;
122              head=insertnode(head,ptr,new_num,new_score,new_name);
123          }
124      }
125      ptr=head;
126      cout<<"\n\t 座號 \t     姓名 \t 成績 \n";
127      cout<<"\t============================\n";
128      while(ptr!=NULL)
129      {
130          cout<<"\t["<<ptr->num<<"]\t[ "<<ptr->name<<"]"<<setw(6)<<"\t
    ["<<ptr->score<<"]\n";
131          ptr=ptr->next;
132      }
133      delete head;
134      return 0;
135 }
```

🔄 執行結果

```
座號 成績 座號 成績 座號 成績 座號 成績
===========================================
[1]  [95]  [4]  [65]  [7]  [88]  [10] [94]
[2]  [54]  [5]  [87]  [8]  [91]  [11] [97]
[3]  [98]  [6]  [98]  [9]  [72]  [12] [78]
請輸入要插入其後的學生編號,結束輸入-1:12
請輸入新插入的學生編號:13
請輸入新插入的學生成績:87
請輸入新插入的學生姓名:Andy
請輸入要插入其後的學生編號,結束輸入-1:8
請輸入新插入的學生編號:15
請輸入新插入的學生成績:98
請輸入新插入的學生姓名:Michael
請輸入要插入其後的學生編號,結束輸入-1:-1

         座號        姓名         成績
         =============================
         [1]     [ Allen]      [95]
         [2]     [ Scott]      [54]
         [3]     [ Marry]      [98]
         [4]     [ John]       [65]
         [5]     [ Mark]       [87]
         [6]     [ Ricky]      [98]
         [7]     [ Lisa]       [88]
         [8]     [ Jasica]     [91]
         [15]    [ Michael]    [98]
         [9]     [ Hanson]     [72]
         [10]    [ Amy]        [94]
         [11]    [ Bob]        [97]
         [12]    [ Jack]       [78]
         [13]    [ Andy]       [87]

---------------------------------------
Process exited after 41.75 seconds with return value 0
請按任意鍵繼續 . . .
```

6-3-2 單向串列刪除節點演算法

在單向鏈結型態的資料結構中,若要在串列中刪除一個節點,如同從一列火車中拿掉原有的車廂,依據所刪除節點的位置會有三種不同的情形:

❶ **刪除串列的第一個節點**:只要把串列指標首指向第二個節點即可。如下圖所示:

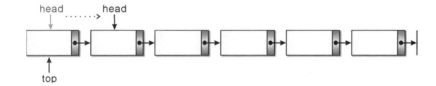

C++ 的演算法如下：

```
top=head;
head=head->next;
free(top);
```

❷ **刪除串列後的最後一個節點**：只要指向最後一個節點 ptr 的指標，直接指向 NULL 即可。如下圖所示：

C++ 的演算法如下：

```
ptr->next=tail;
ptr->next=NULL;
free(tail);
```

❸ **刪除串列內的中間節點**：只要將刪除節點的前一個節點的指標，指向欲刪除節點的下一個節點即可。如下圖所示：

C++ 的演算法如下：

```
Y=ptr->next;
ptr->next=Y->next;
free(Y);
```

範例 **CH06_08.cpp** ┃ 請設計一 C++ 程式，來實作一個建立一組學生成績的鏈結串列程式，包含了座號、姓名與成績三種資料。只要輸入想要刪除的成績，就可以走訪該串列，並刪除該位學生的節點。要結束時，請輸入 **"-1"**，則此時會列出此串列未刪除的所有學生資料。

```cpp
01   #include <iostream>
02   #include <iomanip>
03   #include <ctime>
04   #include <cstdlib>    // 使用亂數的表頭檔
05   using namespace std;
06   class list
07   {
08       public:
09           int num,score;
10           char name[10];
11           class list *next;
12   };
13   list del_ptr(list *head,list *ptr);
14   int main()
15   {
16       list *ptr;
17       int findword=0,find,data[12][2];
18       char namedata[12][10]={{"Allen"},{"Moko"},
19       {"Lean"},{"Melissa"},{"Angel"},{"Sabrina"},
20       {"Joyce"},{"Jasica"},{"Hanson"},{"Amy"},
21       {"Bob"},{"Jack"}};
22       srand((unsigned)time(NULL));// 以時間為亂數的種子
23       cout<<" 座號 成績   座號 成績   座號 成績   座號  成績 "<<endl;
24       cout<<"=========================================="<<endl;
25       for(int i=0;i<12;i++)
26       {
27           data[i][0]=i+1;
28           data[i][1]=rand()%50+51;
29       }
30       for(int i=0;i<3;i++)
31       {
32           for (int j=0;j<4;j++)
33               cout<<"["<<data[j*3+i][0]<<"]   ["<<data[j*3+i][1]<<"]   ";
34           cout<<endl;
35       }
```

```
36      list *head=new list;//建立串列首
37      if(!head)
38      {
39          cout<<"Error!! 記憶體配置失敗 !!"<<endl;
40          exit(1);
41      }
42      head->num=data[0][0];
43      for (int j=0;j<10;j++)
44          head->name[j]=namedata[0][j];
45      head->score=data[0][1];
46      head->next=NULL;
47      ptr=head;
48      for(int i=1;i<12;i++)
49      {
50          list *newnode=new list;//建立串列
51          newnode->num=data[i][0];
52          for (int j=0;j<10;j++)
53              newnode->name[j]=namedata[i][j];
54          newnode->score=data[i][1];
55          newnode->next=NULL;
56          ptr->next=newnode;
57          ptr=ptr->next;
58      }
59      while(1)
60      {
61          cout<<" 請輸入要刪除的成績，結束輸入 -1：";
62          cin>>findword;
63          if(findword==-1)//迴圈中斷條件
64              break;
65          else
66          {
67              ptr=head;
68              find=0;
69              while (ptr!=NULL)
70              {
71                  if(ptr->score==findword)
72                  {
73                      *ptr=del_ptr(head,ptr);//刪除資料
74                      find++;
75                  }
76                  ptr=ptr->next;
77              }
78              if(find==0)
```

```
79              cout<<"###### 沒有找到 ######"<<endl;
80          }
81      }
82      ptr=head;
83      cout<<"\n\t 座號 \t      姓名 \t 成績 "<<endl; // 列印剩餘串列資料
84      cout<<"\t============================"<<endl;
85      while(ptr!=NULL)
86      {
87          cout<<"\t[„<<ptr->num<<"]\t[„<<setw(10)<<ptr->name
88              <<"]\t["<<ptr->score<<"]"<<endl;
89          ptr=ptr->next;
90      }
91  }
92  list del_ptr(list *head,list *ptr)// 刪除節點副程式
93  {
94      list *top;
95      top=head;
96      if(ptr==head)//[ 情形 1]：刪除點在串列首
97      {
98          head=head->next;
99          cout<<" 已刪除第 "<<ptr->num<<" 號學生 !! 姓名："
100             <<ptr->name<<endl;
101     }
102     else
103     {
104         while(top->next!=ptr)// 找到刪除點的前一個位置
105             top=top->next;
106         if(ptr->next==NULL)   //[ 情形 2]：刪除點在串列尾
107         {
108             top->next=NULL;
109             cout<<" 已刪除第 "<<ptr->num<<" 號學生 !! 姓名："
110                 <<ptr->name<<endl;
111         }
112         else   //[ 情形 3]：刪除點在串列中任一節點
113         {
114             top->next=ptr->next;
115             cout<<" 已刪除第 "<<ptr->num<<" 號學生 !! 姓名："
116                 <<ptr->name<<endl;
117         }
118     }
119     delete []ptr;   // 釋放記憶體空間
120     return *head;   // 回傳串列
121 }
```

執行結果

```
座號 成績  座號 成績  座號 成績  座號  成績
========================================
[1]  [72]  [4]  [66]  [7]  [54]  [10]  [88]
[2]  [84]  [5]  [91]  [8]  [51]  [11]  [90]
[3]  [93]  [6]  [69]  [9]  [68]  [12]  [76]
請輸入要刪除的成績，結束輸入-1：91
已刪除第 5 號學生!!姓名： Angel
請輸入要刪除的成績，結束輸入-1：-1

        座號        姓名        成績
        ==============================
        [1]    [      Allen]   [72]
        [2]    [       Moko]   [84]
        [3]    [       Lean]   [93]
        [4]    [    Melissa]   [66]
        [6]    [    Sabrina]   [69]
        [7]    [      Joyce]   [54]
        [8]    [     Jasica]   [51]
        [9]    [     Hanson]   [68]
        [10]   [        Amy]   [88]
        [11]   [        Bob]   [90]
        [12]   [       Jack]   [76]

        ------------------------------
Process exited after 8.663 seconds with return value 0
請按任意鍵繼續 . . .
```

6-3-3　單向串列反轉演算法

看完了節點的刪除及插入後，各位可以發現在這種具有方向性的鏈結串列結構中增刪節點是相當容易的一件事。而要從頭到尾列印整個串列也不難，但是如果要反轉過來列印就真得需要某些技巧了。我們知道在鏈結串列中的節點特性是知道下一個節點的位置，可是卻無從得知它的上一個節點位置，不過如果要將串列反轉，則必須使用三個指標變數。如下圖所示：

C++ 的演算法如下：

```
struct list // 串列結構宣告
{
    int num; // 學生號碼
    int score;/ // 學生分數
    char name[10]; // 學生姓名
    struct list *next; // 指向下一個節點
};
typedef struct list node;  // 定義 node 新的資料型態
typedef node *link; // 定義 link 新的資料型態指標
link invert(link x) //x 為串列的開始指標
{
    link p,q,r;
    p=x; // 將 p 指向串列的開頭
    q=NULL; //q 是 p 的前一個節點
    while(p!=NULL)
    {
        r=q; // 將 r 接到 q 之後
        q=p; // 將 q 接到 p 之後
        p=p->next; //p 移到下一個節點
        q->next=r; //q 連結到之前的節點
    }
    return q;
}
```

在演算法 invert(X) 中，我們使用了 p、q、r 三個指標變數，其演變過程如下：

STEP 1 執行 while 迴路前

STEP **2**　第一次執行 while 迴路

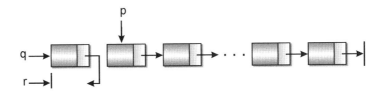

STEP **3**　第二次執行 while 迴路

當執行到 p=NULL 時，整個串列也就整個反轉過來了。

範例　**CH06_09.cpp**｜請以 **C++** 語言來設計將前面的學生成績程式中的學生成績節點依照座號反轉列印出來。

```cpp
01  /*
02  [ 示範 ]：將生成績依座號反轉列印出來
03  */
04  #include <iostream>
05  #include <iomanip>
06  #include <ctime>
07  #include <cstdlib>
08  using namespace std;
09  class list
10  {
11      public:
12          int num,score;
13          char name[10];
14          class list *next;
15  };
16  typedef class list node;
17  typedef node *link;
18  int main()
19  {
```

```
20          link ptr,last,before;
21          int i,j,findword=0,data[12][2];
22          char namedata[12][10]={{"Allen"},{"Mako"},{"Lean"},
23                                 {"Melissa"},{"Angel"},{"Sabrina"},{"Joyce"},
24                                 {"Jasica"},{"Hanson"},{"Amy"},{"Bob"},{"Jack"}};
25          srand((unsigned)time(NULL));
26          for (i=0;i<12;i++)
27          {
28              data[i][0]=i+1;
29              data[i][1]=rand()%50+51;
30          }
31          link head=new node;// 建立串列首
32          if(!head)
33          {
34              cout<<"Error!! 記憶體配置失敗 !!"<<endl;
35              exit(1);
36          }
37          head->num=data[0][0];
38          for (j=0;j<10;j++)
39              head->name[j]=namedata[0][j];
40          head->score=data[0][1];
41          head->next=NULL;
42          ptr=head;
43          for(i=1;i<12;i++)  // 建立鏈結串列
44          {
45              link newnode=new node;
46              newnode->num=data[i][0];
47              for (j=0;j<10;j++)
48                  newnode->name[j]=namedata[i][j];
49              newnode->score=data[i][1];
50              newnode->next=NULL;
51              ptr->next=newnode;
52              ptr=ptr->next;
53          }
54          ptr=head;
55          i=0;
56          cout<<" 原始串列資料："<<endl;
57          while (ptr!=NULL)
58          {   // 列印串列資料
59              cout<<"["<<setw(2)<<ptr->num<<setw(8)
60              <<ptr->name<<setw(3)<<ptr->score<<"] -> ";
61              i++;
62              if(i>=3)  // 三個元素為一列
63              {
64                  cout<<endl;
```

```
65              i=0;
66          }
67          ptr=ptr->next;
68      }
69      ptr=head;
70      before=NULL;
71      cout<<"\n 反轉後串列資料："<<endl;
72      while(ptr!=NULL)  // 串列反轉
73      {
74          last=before;
75          before=ptr;
76          ptr=ptr->next;
77          before->next=last;
78      }
79      ptr=before;
80      while(ptr!=NULL)
81      {
82          cout<<"["<<setw(2)<<ptr->num<<setw(8)
83          <<ptr->name<<setw(3)<<ptr->score<<"] -> ";
84          i++;
85          if(i>=3)
86          {
87              cout<<endl;
88              i=0;
89          }
90          ptr=ptr->next;
91      }
92  }
```

執行結果

```
原始串列資料：
[ 1    Allen 59] -> [ 2    Mako 78] -> [ 3    Lean 78] ->
[ 4 Melissa 86] -> [ 5    Angel 88] -> [ 6 Sabrina 63] ->
[ 7    Joyce 88] -> [ 8  Jasica 63] -> [ 9  Hanson 65] ->
[10      Amy 97] -> [11     Bob 89] -> [12    Jack 79] ->

反轉後串列資料：
[12     Jack 79] -> [11     Bob 89] -> [10     Amy 97] ->
[ 9  Hanson 65] -> [ 8  Jasica 63] -> [ 7   Joyce 88] ->
[ 6 Sabrina 63] -> [ 5   Angel 88] -> [ 4 Melissa 86] ->
[ 3    Lean 78] -> [ 2    Mako 78] -> [ 1   Allen 59] ->

--------------------------------
Process exited after 0.5862 seconds with return value 0
請按任意鍵繼續 . . .
```

6-3-4　單向串列連結演算法

對於兩個或以上鏈結串列的連結（Concatenation）作法也很容易；只要將串列的首尾相連即可。如下圖所示：

將 X, Y 兩串列合併成新的串列 Z

範例　**CH06_10.cpp**　請以 C++ 語言來設計將前面的學生成績程式中的學生成績串列與新的學生成績串列連結起來。

```
01  /*
02  [ 示範 ]: 單向串列的連結功能
03  */
04  #include <iostream>
05  #include <cstdlib>
06  #include <ctime>
07  using namespace std;
08  class list
09  {
10      public:
11      int num,score;
12      char name[10];
13      class list *next;
14  };
15  typedef struct list node;
16  typedef node *link;
17  link concatlist(link,link);
18
19  int main()
20  {
21      link head,ptr,newnode,last,before;
22      link head1,head2;
23      int i,j,findword=0,data[12][2];
24      // 第一組串列的姓名
25      char namedata1[12][10]={{"Allen"},{"Scott"},{"Marry"},
26      {"Jon"},{"Mark"},{"Ricky"},{"Lisa"},{"Jasica"},
```

```
27      {"Hanson"},{"Amy"},{"Bob"},{"Jack"}};
28      // 第二組串列的姓名
29      char namedata2[12][10]={{"May"},{"John"},{"Michael"},
30      {"Andy"},{"Tom"},{"Jane"},{"Yoko"},{"Axel"},
31      {"Alex"},{"Judy"},{"Kelly"},{"Lucy"}};
32      srand((unsigned)time(NULL));
33      for (i=0;i<12;i++)
34      {
35          data[i][0]=i+1;
36          data[i][1]=rand()%50+51;
37      }
38      head1=new node; // 建立第一組串列首
39      if(!head1)
40      {
41          cout<<"Error!! 記憶體配置失敗!!"<<endl;
42          exit(1);
43      }
44      head1->num=data[0][0];
45      for (j=0;j<10;j++)
46          head1->name[j]=namedata1[0][j];
47      head1->score=data[0][1];
48      head1->next=NULL;
49      ptr=head1;
50      for(i=1;i<12;i++)// 建立第一組鏈結串列
51      {
52          newnode=new node;
53          newnode->num=data[i][0];
54          for (j=0;j<10;j++)
55              newnode->name[j]=namedata1[i][j];
56          newnode->score=data[i][1];
57          newnode->next=NULL;
58          ptr->next=newnode;
59          ptr=ptr->next;
60      }
61
62      srand((unsigned)time(NULL));
63      for (i=0;i<12;i++)
64      {
65          data[i][0]=i+13;
66          data[i][1]=rand()%40+41;
67      }
68      head2=new node; // 建立第二組串列首
```

```
69      if(!head2)
70      {
71          cout<<"Error!! 記憶體配置失敗 !!\n";
72          exit(1);
73      }
74      head2->num=data[0][0];
75      for (j=0;j<10;j++)
76          head2->name[j]=namedata2[0][j];
77      head2->score=data[0][1];
78      head2->next=NULL;
79      ptr=head2;
80      for(i=1;i<12;i++)// 建立第二組鏈結串列
81      {
82          newnode=new node;
83          newnode->num=data[i][0];
84          for (j=0;j<10;j++)
85              newnode->name[j]=namedata2[i][j];
86          newnode->score=data[i][1];
87          newnode->next=NULL;
88          ptr->next=newnode;
89          ptr=ptr->next;
90      }
91      i=0;
92      ptr=concatlist(head1,head2);// 將串列相連
93      cout<<" 兩個鏈結串列相連的結果 : "<<endl;
94      while (ptr!=NULL)
95      {   // 列印串列資料
96          cout<<"["<<ptr->num<<" "<<ptr->name<<"  "<<ptr->score<<" ]\t-> ";
97          i++;
98          if(i>=3)// 三個元素為一列
99          {
100             cout<<endl;
101             i=0;
102         }
103         ptr=ptr->next;
104     }
105     delete newnode;
106     delete head2;
107     return 0;
108 }
109 link concatlist(link ptr1,link ptr2)
110 {
```

```
111      link ptr;
112      ptr=ptr1;
113      while(ptr->next!=NULL)
114          ptr=ptr->next;
115      ptr->next=ptr2;
116      return ptr1;
117 }
```

執行結果

```
兩個鏈結串列相連的結果：
[1 Allen  79 ] -> [2 Scott   97 ]     -> [3 Marry   95 ]      ->
[4 Jon   70 ]  -> [5 Mark  90 ]       -> [6 Ricky  69 ]       ->
[7 Lisa  67 ]  -> [8 Jasica  77 ]     -> [9 Hanson  95 ]      ->
[10 Amy  78 ]  -> [11 Bob  67 ]       -> [12 Jack  82 ]       ->
[13 May  79 ]  -> [14 John  67 ]      -> [15 Michael  55 ]    ->
[16 Andy  50 ] -> [17 Tom  80 ]       -> [18 Jane  79 ]       ->
[19 Yoko  67 ] -> [20 Axel  77 ]      -> [21 Alex  45 ]       ->
[22 Judy  78 ] -> [23 Kelly  47 ]     -> [24 Lucy  72 ]       ->

--------------------------------
Process exited after 0.3859 seconds with return value 0
請按任意鍵繼續 . . .
```

6-4 串列與多項式

　　使用鏈結串列的最大好處就是減少記憶體的浪費，並且能增加使用上的彈性。例如數學上常用的多項式表示法，雖然可使用陣列方式來運作，但當資料內容變動時，對陣列結構的影響相當大，演算法處理不易，由於陣列是靜態資料結構，事先必須取得連續夠大的記憶體，容易形成空間上的浪費，接下來我們將介紹使用鏈結串列在使用上與陣列的不同之處。

6-4-1 多項式串列表示法

　　事實上如果使用單向鏈結串列來表示多項式，除了語法設計上較為困難之外，在記憶體的管控績效上會有更大的空間。多項式的鏈結串列表示法主要是儲存非零項目，且均以 三個欄位表示資料結構，其中 COEF 表示非零係數，EXP 表示指數的乘冪，而 LINK 是指到下一個節點的指標。多項式的鏈結串列表示法主要是儲存非零項目，並且每一項均符合以下資料結構：

COEF	EXP	LINK

COEF：表示該變數的係數

EXP ：表示該變數的指數

LINK：表示指到下一個節點的指標

例如 $A(x)=3X^2+6X-2$ 的表示方法如下圖：

| 3 | 2 | ● | → | 6 | 1 | ● | → | -2 | 0 | ● | → NULL |

多項式以單向鏈結方式表示的功用，主要是在不同的四則運算，例如加法或減法運算。如以下兩多項式 A(X)、B(X)，求兩式相加的結果 C(X)：

$A=3X^2+2x+1$

$B=X^2+3$

基本上，對於兩個多項式相加，採往右逐一往比較項次，比較冪次大小，當指數冪次大者，則將此節點加到 C(X)，指數冪次相同者相加，若結果非零也將此節點加到 C(X)，直到兩個多項式的每一項都比較完畢為止。我們以下圖來做說明：

STEP **1** Exp(p)=Exp(q)

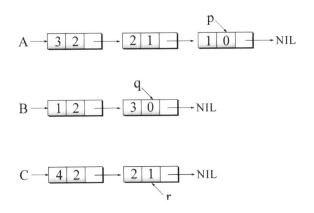

STEP **2** Exp(p)>Exp(q)

STEP **3** Exp(p)=Exp(q)

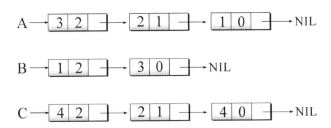

例如下面 A、B 兩個多項式相加的圖說：

$A=3X^3+4X+2$
$B=6X^3+8X^2+6X+9$

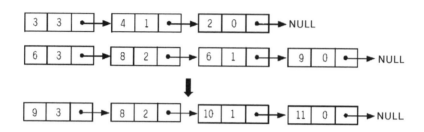

範例 **CH06_11.cpp** ▌ 請設計一 C++ 程式，計算兩個已知多項式的和，並輸出最後的結果。

$A=3X^3+4X+2$
$B=6X^3+8X^2+6X+9$

```
01  /*
02  [ 示範 ]: 多項式相加
03  */
04  #include <iostream>
05  using namespace std;
06  class list // 宣告串列結構
07  {
08      public :
09      int coef,exp;
10      class list *next;
11  };
12  typedef class list node;
13  typedef node *link;
14  link creat_link(int data[4]);
15  void print_link(link head);
16  link sum_link(link a,link b);
17  int main()
18  {
19      link a,b,c;
```

```
20      int data1[4]={3,0,4,2}; // 多項式 A 的係數
21      int data2[4]={6,8,6,9}; // 多項式 B 的係數
22      cout<<" 原始多項式："<<endl<<"A=";
23      a=creat_link(data1);   // 建立多項式 A
24      b=creat_link(data2);   // 建立多項式 B
25      print_link(a);    // 列印多項式 A
26      cout<<"B=";
27      print_link(b);    // 列印多項式 B
28      cout<<" 多項式相加結果：\nC=";
29      c=sum_link(a,b); //C 為 A、B 多項式相加結果
30      print_link(c);    // 列印多項式 C
31  }
32  link creat_link(int data[4])// 建立多項式副程式
33  {
34      link head,newnode,ptr;
35      for(int i=0;i<4;i++)
36      {
37          newnode = new node;
38          if(!newnode)
39          {
40              cout<<"Error!! 記憶體配置失敗 !!"<<endl;
41              exit(1);
42          }
43          if(i==0)
44          {
45              newnode->coef=data[i];
46              newnode->exp=3-i;
47              newnode->next=NULL;
48              head=newnode;
49              ptr=head;
50          }
51          else if(data[i]!=0)
52          {
53              newnode->coef=data[i];
54              newnode->exp=3-i;
55              newnode->next=NULL;
56              ptr->next=newnode;
57              ptr=newnode;
58          }
59      }
60      return head;
61  }
```

```
62  void print_link(link head)  // 列印多項式副程式
63  {
64      while(head!=NULL)
65      {
66          if(head->exp==1 && head->coef!=0)//X^1 時不顯示指數
67              cout<<head->coef<<"X + ";
68          else if(head->exp!=0 && head->coef!=0)
69              cout<<head->coef<<"X^"<<head->exp<<" + ";
70          else if(head->coef!=0)          //X^0 時不顯示變數
71              cout<<head->coef;
72          head=head->next;
73      }
74      cout<<endl;
75  }
76  link sum_link(link a,link b)  // 多項式相加副程式
77  {
78      int sum[4],i=0;
79      link ptr;
80      ptr=b;
81      while(a!=NULL)  // 判斷多項式 1
82      {
83          b=ptr;  // 重複比較 A 及 B 的指數
84          while(b!=NULL)
85          {
86              if(a->exp==b->exp)// 指數相等，係數相加
87              {
88                  sum[i]=a->coef+b->coef;
89                  a=a->next;
90                  b=b->next;
91                  i++;
92              }
93              else if(b->exp > a->exp)//B 指數較大，指定係數給 C
94              {
95                  sum[i]=b->coef;
96                  b=b->next;
97                  i++;
98              }
99              else if(a->exp > b->exp)//A 指數較大，指定係數給 C
100             {
101                 sum[i]=a->coef;
102                 a=a->next;
103                 i++;
```

```
104                    }
105            }
106      }
107      return creat_link(sum);// 建立相加結果串列 C
108 }
```

🔄 執行結果

```
原始多項式：
A=3X^3 + 4X + 2
B=6X^3 + 8X^2 + 6X + 9
多項式相加結果：
C=9X^3 + 8X^2 + 10X + 11

-----------------------------------
Process exited after 0.3792 seconds with return value 0
請按任意鍵繼續 . . .
```

1. 密集串列（Dense List）於某些應用上相當方便，請問 (1) 何種情況下不適用？
   (2) 如果原有 n 筆資料，請計算插入一筆新資料，平均需要移動幾筆資料？

2. 陣列結構型態通常包含哪幾種屬性？

3. 請說明稀疏矩陣的定義，並舉例說明之。

4. 在 n 筆資料的鏈結串列（Linked List）中搜尋一筆資料，若以平均所花的時間考量，其時間複雜度為何？

5. 什麼是轉置矩陣？試簡單舉例說明。

6. 在單向鏈結型態的資料結構中，依據所刪除節點的位置會有哪三種不同的情形？

7. 在 n 筆資料的鏈結串列中搜尋一筆資料，若以平均所花的時間考量，其時間複雜度為何？

8. 如何使用陣列來表示與儲存多項式 $P(x,y)=9x^5+4x^4y^3+14x^2y^2+13xy^2+15$ ？試說明之。

9. 用陣列法和鏈結串列法表示稀疏矩陣各有何優缺點，又如果用鏈結串列表示時，回收到 AVL 串列（可用空間串列），時間複雜度為多少？

7 實戰安全性演算法

- ▷ 輕鬆學會資料加密
- ▷ 一學就懂的雜湊演算法
- ▷ 破解碰撞與溢位處理

　　網路已成為我們日常生活不可或缺的一部分，使用電腦上網的機率也越趨頻繁，資訊可透過網路來互通共享，部份資訊可公開，但部份資訊屬機密，網路設計的目的是為了提供最自由的資訊、資料和檔案交換，然而也正因為網際網路的成功超乎設計者的預期，除了帶給人們許多便利外，也帶來許多安全上的問題。

⚠ 網路安全示意圖

　　對於資訊安全而言，很難有一個十分嚴謹而明確的定義或標準。例如就個人使用者來說，代表的是在網際網路上瀏覽時，個人資料不被竊取或破壞，不過對於企業組織而言，可能就代表著進行電子交易時的安全考量與不法駭客的入侵等。簡單來說，資訊安全（Information Security）的基本功能就是必須具備以下四種特性：

1.　**祕密性（Confidentiality）**：表示交易相關資料必須保密，當資料傳遞時，確保資料在網路上傳送不會遭截取、窺竊而洩漏資料內容。

2. **完整性（Integrity）**：表示當資料送達時必須保證資料沒有被篡改的疑慮，訊息如遭篡改時，該筆訊息就會無效，例如由甲端傳至乙端的資料有沒有被篡改，乙端在收訊時，立刻知道資料是否完整無誤。

3. **認證性（Authentication）**：表示當傳送方送出資訊時，就必須能確認傳送者的身分是否為冒名，例如傳送方無法冒名傳送資料，持卡人、商家、發卡行、收單行和支付閘道，都必須申請數位憑證進行身份識別。

4. **不可否認性（Non-repudiation）**：表示保證使用者無法否認他所完成過之資料傳送行為的一種機制，必須不易被複製及修改，就是指無法否認其傳送或接收訊息行為，例如收到金錢不能推說沒收到；同樣錢用掉不能推說遺失，不能否認其未使用過。

國際標準制定機構英國標準協會（BSI）曾經於 1995 年提出 BS 7799 資訊安全管理系統，最新的一次修訂已於 2005 年完成，並經國際標準化組織（ISO）正式通過成為 ISO 27001 資訊安全管理系統要求標準，為目前國際公認最完整之資訊安全管理標準，可以幫助企業與機構在高度網路化的開放服務環境鑑別、管理和減少資訊所面臨的各種風險。

7-1 輕鬆學會資料加密

未經加密處理的商業資料或文字資料在網路上進行傳輸時，任何有心人士都能夠隨手取得，並且一覽無遺。因此在資料傳送前必須先將原始的資料內容，以事先定義好的演算法、運算式或編碼方法，將資料轉換成不具任何意義的代碼，而這個處理過程就是「加密」（Encrypt）。資料在加密前稱為「明文」（Plaintext），經過加密後則稱為「密文」（Ciphertext）。

經過加密的資料在送抵目的端後，必須經過「解密」（Decrypt）過程，才能將資料還原成原來的內容，而這個加／解密的機制則稱為「金鑰」（Key）。至於資料加密及解密的流程如下圖所示：

7-1-1 對稱鍵值加密系統

「對稱鍵值加密系統」（Symmetric Key Encryption）又稱為「單一鍵值加密系統」（Single Key Encryption）或「祕密金鑰系統」（Secret Key）。這種加密系統的運作方式，是由資料傳送者利用「祕密金鑰」將文件加密，使文件成為一堆的亂碼後，再加以傳送。而接收者收到這個經過加密的密文後，再使用相同的「祕密金鑰」，將文件還原成原來的模樣。因為如果使用者 B 能用這一組密碼解開文件，那麼就能確定這份文件是由使用者 A 加密後傳送過去，如下圖所示：

這種加密系統的運作方式較為單純，因此不論在加密及解密上的處理速度都相當快速。常見的對稱鍵值加密系統演算法有 DES（Data Encryption Standard，資料加密標準）、Triple DES、IDEA（International Data Encryption Algorithm，國際資料加密演算法）等。

7-1-2 非對稱鍵值加密系統與 RSA 演算法

「非對稱性加密系統」是目前較為普遍，也是金融界應用上最安全的加密系統，或稱為「雙鍵加密系統」（Double Key Encryption），這種加密系統主要的運作方式，是以兩把不同的金鑰（Key）來對文件進行加 / 解密。例如使用者 A 要傳送一份新的文件給使用者 B，使用者 A 會利用使用者 B 的公開金鑰來加密，並將密文傳送給使用者 B。當使用者 B 收到密文後，再利用自己的私密金鑰解密。如下圖所示：

例如 RSA（Rivest-Shamir-Adleman）是加密演算法中一種非對稱加密演算法，在 RSA 演算法之前，加密方法幾乎都是對稱型的，非對稱是因為它利用了兩把不同的鑰匙，一把叫公開金鑰，另一把叫私密金鑰，是在 1977 年由 Ron Rivest、Adi Shamir 和 Leonard Adleman 一起提出的，RSA 就是三人姓氏開頭字母。

RSA 加解密速度比「對稱式加密演算法」來得慢，是採用隨機選出的超大的質數 p, q，主要是利用兩個質數作為加密與解密的兩個鑰匙，鑰匙的長度約在 40 個位元到 1024 位元間。其中公開鑰匙是用來加密，只有使用私人鑰匙才可以解密，要破解以 RSA 加密的資料，在固定時間內幾乎不可能，所以是一種十分安全的加解密演算法，特別是在電子商務交易市場被廣泛使用。例如由信用卡國際大廠 VISA 及 MasterCard，於 1996 年共同制定並發表的「安全交易協定」（Secure Electronic Transaction, SET），並陸續獲得 IBM、Microsoft、HP 及 Compaq 等軟硬體大廠的支持，加上 SET 安全機制採用非對稱鍵值加密系統的編碼方式，就是採用知名的 RSA 演算法技術。

7-1-3　認證

在資料傳輸過程中，為了避免使用者 A 發送資料後卻否認，或是有人冒用使用者 A 的名義傳送資料而不自知，我們需要對資料進行認證的工作，後來又衍生出了第三種加密方式。首先是以使用者 B 的公開鑰匙加密，接著再利用使用者 A 的私有鑰匙做第二次加密，當使用者 B 在收到密文後，先以 A 的公開鑰匙進行解密，接著再以 B 的私有鑰匙解密，如果能解密成功，則可確保訊息傳遞的私密性，這就是所謂的「認證」。認證的機制看似完美，但是使用公開鑰匙作加解密動作時，計算過程卻是十分複雜，對傳輸工作而言不啻是個沉重的負擔。

7-1-4　數位簽章

在日常生活中，簽名或蓋章往往是個人對某些承諾或文件署名的負責，而在網路世界中，所謂「數位簽章」（Digital Signature）就是屬於個人的一種「數位身分證」，可以用作對資料發送的身份進行辨別。

「數位簽章」的運作方式是以公開金鑰及雜湊函數互相搭配使用，使用者 A 先將明文的 M 以雜湊函數計算出雜湊值 H，接著再用自己的私有鑰匙對雜湊值 H 加密，加密後的內容即為「數位簽章」。最後再將明文與數位簽章一起發送給使用者 B。由於這個數位簽章是以 A 的私有鑰匙加密，且該私有鑰匙只有 A 才有，因此該數位簽章可以代表 A 的身份。因此數位簽章機制具有發送者不可否認的特性，因此能夠用來確認文件發送者的身份，使其他人無法偽造此辨別身份。

TIPS　雜湊函數（Hash Function）是一種保護資料安全的方法，它能夠將資料進行運算，並且得到一個「雜湊值」，接著再將資料與雜湊值一併傳送。

想要使用數位簽章，當然第一步必須先向認證中心（CA）申請電子證書（Digital Certificate），它可用來證明公開金鑰為某人所有及訊息發送者的不可否認性，而認證中心所核發的數位簽章則包含在電子證書上。通常每一家認證中心的申請過程都不相同，只要各位跟著網頁上的指引步驟去做，即可完成。

> **TIPS** 憑證管理中心（Certificate Authority, CA）為一個具公信力的第三者身分，主要負責憑證申請註冊、憑證簽發、廢止等等管理服務。國內知名的憑證管理中心如下：
> - 政府憑證管理中心：http://www.pki.gov.tw
> - 網際威信：http://www.hitrust.com.tw/

7-2 一學就懂的雜湊演算法

雜湊法是利用雜湊函數來計算一個鍵值所對應的位址，進而建立雜湊表格，且依賴雜湊函數來搜尋找到各鍵值存放在表格中的位址，搜尋速度與資料多少無關，在沒有碰撞和溢位下，一次讀取即可，更包括保密性高，因為不事先知道雜湊函數就無法搜尋的優點。

選擇雜湊函數時，要特別注意不宜過於複雜，設計原則上至少必須符合計算速度快與碰撞頻率儘量小兩項特點。常見的雜湊法有除法、中間平方法、折疊法及數位分析法。

7-2-1 除法

最簡單的雜湊法是將資料除以某一個常數後，取餘數來當索引。例如在一個有13 個位置的陣列中，只使用到 7 個位址，值分別是 12,65,70,99,33,67,48。那我們就可以把陣列內的值除以 13，並以其餘數來當索引，我們可以用以下式子來表示：

```
h(key)=key mod B
```

索引	資料
0	65
1	
2	67
3	
4	
5	70
6	
7	33
8	99
9	48
10	
11	
12	12

在這個例子中，我們所使用的 B=13。一般而言，會建議各位在選擇 B 時，B 最好是質數。而上例所建立出來的雜湊表為：

以下我們將用除法作為雜湊函數，將下列數字儲存在 11 個空間：323,458,25,340,28,969,77，請問其雜湊表外觀為何？

令雜湊函數為 h(key)=key mod B，其中 B=11 為一質數，這個函數的計算結果介於 0~10 之間（包括 0 及 10 二數），則 $h(323)=4$、$h(458)=7$、$h(25)=3$、$h(340)=10$、$h(28)=6$、$h(969)=1$、$h(77)=0$。

索引	資料
0	77
1	969
2	
3	25
4	323
5	
6	28
7	458
8	
9	
10	340

7-2-2　中間平方法

中間平方法和除法相當類似，它是把資料乘以自己，之後再取中間的某段數字做索引。在下例中我們用中間平方法，並將它放在 100 位址空間，其操作步驟如下：

STEP 1　將 12,65,70,99,33,67,51 平方後如下：

```
144,4225,4900,9801,1089,4489,2601
```

STEP 2　我們取百位數及十位數作為鍵值，分別為

```
14、22、90、80、08、48、60
```

上述這 7 個數字的數列就是對應原先 12,65,70,99,33,67,51 等 7 個數字，存放在 100 個位址空間的索引鍵值，即

```
f(14)=12
f(22)=65
f(90)=70
f(80)=99
f(8)=33
f(48)=67
f(60)=51
```

若實際空間介於 0~9（即 10 個空間），但取百位數及十位數的值介於 0 ～ 99（共有 100 個空間），所以我們必須將中間平方法第一次所求得的鍵值，再行壓縮 1/10 才可以將 100 個可能產生的值對應到 10 個空間，即將每一個鍵值除以 10 取整數（下例我們以 DIV 運算子作為取整數的除法），我們可以得到下列的對應關係：

```
f(14 DIV 10)=12          f(1)=12
f(22 DIV 10)=65          f(2)=65
f(90 DIV 10)=70          f(9)=70
f(80 DIV 10)=99    ⟶     f(8)=99
f(8 DIV 10) =33          f(0)=33
f(48 DIV 10)=67          f(4)=67
f(60 DIV 10)=51          f(6)=51
```

7-2-3　折疊法

　　折疊法是將資料轉換成一串數字後，先將這串數字拆成數個部份，最後再把它們加起來，就可以計算出這個鍵值的 Bucket Address。例如有一資料，轉換成數字後為 2365479125443，若以每 4 個字為一個部份則可拆為：2365,4791,2544,3。將四組數字加起來後即為索引值：

```
    2365
    4791
    2544
+      3
─────────
    9703  → bucket address
```

　　在折疊法中有兩種作法，如上例直接將每一部份相加所得的值作為其 bucket address，這種作法我們稱為「移動折疊法」。但雜湊法的設計原則之一就是降低碰撞，如果您希望降低碰撞的機會，我們可以將上述每一部分的數字中的奇數位段或偶數位段反轉，再行相加來取得其 bucket address，這種改良式的作法我們稱為「邊界折疊法（Folding at the Boundaries）」。

　　請看下例的說明：

❶　狀況一：將偶數位段反轉

```
    2365 （第 1 位段屬於奇數位段故不反轉）
    1974 （第 2 位段屬於偶數位段要反轉）
    2544 （第 3 位段屬於奇數位段故不反轉）
+      3 （第 4 位段屬於偶數位段要反轉）
──────────
    6886  → bucket address
```

❷ 狀況二：將奇數位段反轉

    5632 （第 1 位段屬於奇數位段要反轉）

    4791 （第 2 位段屬於偶數位段故不反轉）

    4452 （第 3 位段屬於奇數位段要反轉）

+   3 （第 4 位段屬於偶數位段故不反轉）
_____

    14878 → bucket address

7-2-4 數位分析法

　　數位分析法適用於資料不會更改，且為數字型態的資料，在決定雜湊函數時先逐一檢查資料的相對位置及分佈情形，將重複性高的部份刪除。例如下面這個電話表，它是相當有規則性的，除了區碼全部是 07 外，在中間三個數字的變化也不大，假設位址空間大小 m=999，我們必須從下列數字擷取適當的數字，即數字比較不集中，分佈範圍較為平均（或稱亂度高），再決定取最後那四個數字的末三碼。故可得雜湊表為：

電話
07-772-2234
07-772-4525
07-774-2604
07-772-4651
07-774-2285
07-772-2101
07-774-2699
07-772-2694

索引	電話
234	07-772-2234
525	07-772-4525
604	07-774-2604
651	07-772-4651
285	07-774-2285
101	07-772-2101
699	07-774-2699
694	07-772-2694

　　相信看完上面幾種雜湊函數之後，可以發現雜湊函數並沒有一定規則可循，可能是其中的某一種方法，也可能同時使用好幾種方法，所以雜湊時常被用來處理資料的加密及壓縮。

7-3 破解碰撞與溢位處理

在雜湊法中,當識別字要放入某個 Bucket 時,若該 Bucket 已經滿了,則發生溢位(Overflow);另一方面雜湊法的理想狀況是所有資料經過雜湊函數運算後都得到不同的值,但現實情況是即使所有關鍵欄位的值都不相同,還是可能得到相同的位址,於是就發生了碰撞(Collision)問題。因此,如何在碰撞後處理溢位的問題就顯得相當的重要。常見的處理演算法如下:

7-3-1 線性探測法

線性探測法是當發生碰撞情形時,如果該索引已有資料,則以線性的方式往後找尋空的儲存位置,一找到位置就把資料放進去。線性探測法通常把雜湊的位置視為環狀結構,如此一來若後面的位置已被填滿而前面還有位置時,可以將資料放到前面。

以線性方式往後
找尋空的儲存空間

若後面位置已被填滿,
則把位置視為環狀結構,
將資料放到前面,
例如索引位置4
目前是空的

範例 **CH07_01.cpp** ┃ 請設計一 C++ 程式，以除法的雜湊函數取得索引值。並以線性探測法來儲存資料。

```cpp
01    #include <iostream>
02    #include <iomanip>
03    #include <ctime>
04    #include<cstdlib>
05    using namespace std;
06    const int INDEXBOX = 10;           // 雜湊表最大元素
07    const int MAXNUM = 7;              // 最大資料個數
08    int print_data(int *,int);
09    int creat_table(int ,int *);
10
11    int main(void)
12    {
13        int i,index[INDEXBOX],data[MAXNUM];
14        srand(time(NULL));             // 依時間初始亂數
15        cout<<" 原始陣列值：\n";
16        for(i=0;i<MAXNUM;i++)          // 起始資料值
17            data[i]=rand()%20+1;
18        for(i=0;i<INDEXBOX;i++)        // 清除雜湊表
19            index[i]=-1;
20        print_data(data,MAXNUM);       // 列印起始資料
21        cout<<" 雜湊表內容："<<endl;
22        for(i=0;i<MAXNUM;i++)          // 建立雜湊表
23        {
24            creat_table(data[i],index);
25            cout<<data[i]<<" =>";       // 列印單一元素的雜湊表位置
26            print_data(index,INDEXBOX);
27        }
28        cout<<" 完成雜湊表："<<endl;
29        print_data(index,INDEXBOX);    // 列印最後完成結果
30        return 0;
31    }
32    int print_data(int *data,int max)  // 列印陣列副程式
33    {
34        cout<<"\t";
35        for(int i=0;i<max;i++)
36            cout<<"["<<setw(2)<<data[i]<<"] ";
37        cout<<endl;
38    }
```

```
39    int creat_table(int num,int *index)    // 建立雜湊表副程式
40    {
41        int tmp;
42        tmp=num%INDEXBOX;                    // 雜湊函數 = 資料%INDEXBOX
43        while(1)
44        {
45            if(index[tmp]==-1)               // 如果資料對應的位置是空的
46            {
47                index[tmp]=num;              // 則直接存入資料
48                break;
49            }
50            else
51                tmp=(tmp+1)%INDEXBOX;        // 否則往後找位置存放
52        }
53    }
```

🔄 **執行結果**

```
原始陣列值：
          [ 4] [ 5] [12] [11] [11] [ 9] [18]
雜湊表內容：
4  =>     [-1] [-1] [-1] [-1] [ 4] [-1] [-1] [-1] [-1] [-1]
5  =>     [-1] [-1] [-1] [-1] [ 4] [ 5] [-1] [-1] [-1] [-1]
12 =>     [-1] [-1] [12] [-1] [ 4] [ 5] [-1] [-1] [-1] [-1]
11 =>     [-1] [11] [12] [-1] [ 4] [ 5] [-1] [-1] [-1] [-1]
11 =>     [-1] [11] [12] [11] [ 4] [ 5] [-1] [-1] [-1] [-1]
9  =>     [-1] [11] [12] [11] [ 4] [ 5] [-1] [-1] [-1] [ 9]
18 =>     [-1] [11] [12] [11] [ 4] [ 5] [-1] [-1] [18] [ 9]
完成雜湊表：
          [-1] [11] [12] [11] [ 4] [ 5] [-1] [-1] [18] [ 9]

--------------------------------
Process exited after 0.3036 seconds with return value 0
請按任意鍵繼續 . . .
```

7-3-2　平方探測法

線性探測法有一個缺失，就是相當類似的鍵值經常會聚集在一起，因此可以考慮以平方探測法來加以改善。在平方探測中，當溢位發生時，下一次搜尋的位址是 $(f(x)+i^2) \bmod B$ 與 $(f(x)-i^2) \bmod B$，即讓資料值加或減 i 的平方，例如資料值 key，雜湊函數 f：

```
第一次尋找：f(key)
第二次尋找：(f(key)+1²)%B
第三次尋找：(f(key)-1²)%B
第四次尋找：(f(key)+2²)%B
第五次尋找：(f(key)-2²)%B
        .
        .
        .
第 n 次尋找：(f(key)±((B-1)/2)²)%B，其中，B 必須為 4j+3 型的質數，且 1≤i≤(B-1)/2
```

7-3-3 再雜湊法

再雜湊就是一開始就先設置一系列的雜湊函數，如果使用第一種雜湊函數出現溢位時就改用第二種，如果第二種也出現溢位則改用第三種，直到沒有發生溢位為止。例如 h1 為 key%11，h2 為 key*key，h3 為 key*key%11，h4...。

接著請利用再雜湊處理下列資料碰撞的問題：

```
681，467，633，511，100，164，472，438，445，366，118；
```

其中雜湊函數為（此處的 m=13）

```
f₁ =h(key)=key MOD m
f₂ =h(key)=(key+2) MOD m
f₃ =h(key)=(key+4) MOD m
```

說明如下：

STEP **1** 利用第一種雜湊函數 h(key)=key MOD 13，所得的雜湊位址如下：

```
681 —> 5
467 —> 12
633 —> 9
511 —> 4
100 —> 9
164 —> 8
472 —> 4
```

```
438 —> 9
445 —> 3
366 —> 2
118 —> 1
```

STEP 2 其中 100，472，438 皆發生碰撞，再利用第二種雜湊函數 h(value+2)= (value +2) MOD 13，進行資料的位址安排：

```
100 —> h(100+2)=102 mod 13=11
472 —> h(472+2)=474 mod 13=6
438 —> h(438+2)=440 mod 13=11
```

STEP 3 438 仍發生碰撞問題，故接著利用第三種雜湊函數 h(value+4)= (438+4) MOD 13，重新進行 438 位址的安排：

```
438 —> h(438+4)=442 mod 13=0
```

⇒ 經過三次重雜湊後，資料的位址安排如下：

位置	資料
0	438
1	118
2	366
3	445
4	511
5	681
6	472
7	NULL
8	164
9	633
10	NULL
11	100
12	467

7-3-4 鏈結串列

將雜湊表的所有空間建立 n 個串列,最初的預設值只有 n 個串列首。如果發生溢位就把相同位址之鍵值鏈結在串列首的後面,形成一個鏈結串列,直到所有的可用空間全部用完為止。如下圖所示:

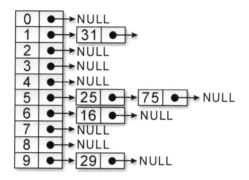

範例 **CH07_02.cpp** | 請各位設計一 C++ 程式,利用鏈結串列來進行再雜湊演算法的實作。

```cpp
01   #include <iostream>
02   #include <cstdlib>
03   #include <ctime>
04   #include <iomanip>
05   #define INDEXBOX 7        // 雜湊表元素個數
06   #define MAXNUM 13         // 資料個數
07   using namespace std;
08   void creat_table(int);   // 宣告建立雜湊表副程式
09   void print_data(int);    // 宣告列印雜湊表副程式
10   class list               // 宣告串列結構
11   {
12       public:
13       int val;
14       class list *next;
15   };
16   typedef class list node;
17   typedef node *link;
18   node indextable[INDEXBOX];   // 宣告動態陣列
19   int main(void)
```

```
20  {
21      int i,data[MAXNUM];
22      srand((unsigned)time(NULL));
23      for(i=0;i<INDEXBOX;i++)  // 清除雜湊表
24      {
25          indextable[i].val=-1;
26          indextable[i].next=NULL;
27      }
28      cout<<" 原始資料：\n\t";
29      for(i=0;i<MAXNUM;i++)
30      {
31          data[i]=rand()%30+1;  // 亂數建立原始資料
32          cout<<"["<<setw(2)<<data[i]<<"] ";  // 並列印出來
33          if(i%8==7)
34              cout<<"\n\t";
35      }
36      cout<<"\n 雜湊表：\n";
37      for(i=0;i<MAXNUM;i++)
38          creat_table(data[i]);  // 建立雜湊表
39      for(i=0;i<INDEXBOX;i++)
40          print_data(i);      // 列印雜湊表
41      cout<<endl;
42      return 0;
43  }
44  void creat_table(int val)  // 建立雜湊表副程式
45  {
46      link newnode;
47      link current;
48      int hash;
49      hash=val%7;              // 雜湊函數除以 7 取餘數
50      newnode=(link)malloc(sizeof(node));
51      current=(link)malloc(sizeof(node));
52      newnode->val=val;
53      newnode->next=NULL;
54      *current=indextable[hash];
55      if(current->next==NULL)
56          indextable[hash].next=newnode;
57      else
58          while(current->next!=NULL) current=current->next;
59      current->next=newnode;  // 將節點加在串列
60  }
61  void print_data(int val)    // 列印雜湊表副程式
```

```
62  {
63      link head;
64      int i=0;
65      head=indextable[val].next;   // 起始指標
66      cout<<» 　«<<setw(2)<<val<<»：\t»;// 索引位址
67      while(head!=NULL)
68      {
69          cout<<"["<<setw(2)<<head->val<<"]-";
70          i++;
71          if(i%8==7)   // 控制長度
72              cout<<"\n\t";
73          head=head->next;
74      }
75      cout<<"\b \n";// 清除最後一個 "-" 符號
76  }
```

執行結果

```
原始資料：
        [10] [24] [20] [20] [18] [30] [13] [ 6]
        [25] [30] [14] [18] [12]
雜湊表：
    0：  [14]
    1：
    2：  [30]-[30]
    3：  [10]-[24]
    4：  [18]-[25]-[18]
    5：  [12]
    6：  [20]-[20]-[13]-[ 6]


--------------------------------
Process exited after 0.27 seconds with return value 0
請按任意鍵繼續 . . .
```

在範例 CH07_02.cpp 中直接把原始資料值存在雜湊表中，如果現在要搜尋一個資料，只需將它先經過雜湊函數的處理後，直接到對應的索引值串列中尋找，如果沒找到表示資料不存在。如此一來可大幅減少讀取資料及比對資料的次數，甚至可能一次的讀取比對就找到想找的資料。

範例　CH07_03.cpp ┃ 請設計一 C++ 程式，加入搜尋的功能，並印出比對的次數。

```cpp
01  #include <iostream>
02  #include <iomanip>
03  #include <ctime>
04  #include<cstdlib>
05  using namespace std;
06  const int INDEXBOX=7;    // 雜湊表元素個數
07  const int MAXNUM=13;     // 資料個數
08  void creat_table(int);   // 宣告建立雜湊表副程式
09  void print_data(int);    // 宣告列印雜湊表副程式
10  int findnum(int);        // 宣告雜湊搜尋副程式
11  class list  // 宣告串列類別
12  {
13      public:
14      int val;
15      list *next;
16  };
17  typedef class list node;
18  typedef node *link;
19  node indextable[INDEXBOX];// 宣告動態陣列
20  int main(void)
21  {
22      int i,num,data[MAXNUM];
23      srand(time(NULL));
24      for(i=0;i<INDEXBOX;i++)// 清除雜湊表
25      {
26          indextable[i].val=i;
27          indextable[i].next=NULL;
28      }
29      cout<<" 原始資料：\n\t";
30      for(i=0;i<MAXNUM;i++)
31      {
32          data[i]=rand()%30+1;// 亂數建立原始資料
33          cout<<"["<<setw(2)<<data[i]<<"] ";// 並列印出來
34
35          if (i%8==7)
36              cout<<"\n\t";
37      }
38      cout<<endl;
39      for(i=0;i<MAXNUM;i++)
40          creat_table(data[i]);// 建立雜湊表
```

```
41      while(1)
42      {
43          cout<<" 請輸入搜尋資料 (1-30)，結束請輸入 -1：";
44          cin>>num;
45          if(num==-1)
46              break;
47          i=findnum(num);
48          if(i==0)
49              cout<<"##### 沒有找到 "<<num<<" #####"<<endl;
50          else
51              cout<<" 找到 "<<num<<"，共找了 "<<i<<" 次！"<<endl;
52      }
53      cout<<"\n 雜湊表："<<endl;
54      for(i=0;i<INDEXBOX;i++)
55          print_data(i);// 列印雜湊表
56      cout<<endl;
57      return 0;
58  }
59  void creat_table(int val)// 建立雜湊表副程式
60  {
61      link newnode;
62      int hash;
63      hash=val%7; // 雜湊函數除以 7 取餘數
64      newnode=(link)malloc(sizeof(node));
65      if(!newnode)
66      {
67          cout<<"ERROR!! 記憶體配置失敗！！"<<endl;
68          exit(1);
69      }
70      newnode->val=val;
71      newnode->next=NULL;
72      newnode->next=indextable[hash].next;// 加入節點
73      indextable[hash].next=newnode;
74  }
75  void print_data(int val)// 列印雜湊表副程式
76  {
77      link head;
78      int i=0;
79      head=indextable[val].next;// 起始指標
80      cout<<setw(2)<<val<<»：\t»;// 索引位址
81      while(head!=NULL)
82      {
83          cout<<"["<<setw(2)<<head->val<<"]-";
84          i++;
```

```
85          if(i%8==7)// 控制長度
86              cout<<"\n\t";
87          head=head->next;
88      }
89      cout<<"\b "<<endl;// 清除最後一個 "-" 符號
90  }
91  int findnum(int num)    // 雜湊搜尋副程式
92  {
93      link ptr;
94      int i=0,hash;
95      hash=num%7;
96      ptr=indextable[hash].next;
97      while(ptr!=NULL)
98      {
99          i++;
100         if(ptr->val==num)
101             return i;
102         else
103             ptr=ptr->next;
104     }
105     return 0;
106 }
```

🔄 執行結果

```
原始資料：
        [26] [29] [12] [26] [29] [ 1] [16] [30]
        [20] [19] [ 9] [ 9] [ 7]
請輸入搜尋資料<1-30>，結束請輸入-1：16
找到 16，共找了 4 次!
請輸入搜尋資料<1-30>，結束請輸入-1：19
找到 19，共找了 1 次!
請輸入搜尋資料<1-30>，結束請輸入-1：-1

雜湊表：
 0：    [ 7]
 1：    [ 1]-[29]-[29]
 2：    [ 9]-[ 9]-[30]-[16]
 3：
 4：
 5：    [19]-[26]-[12]-[26]
 6：    [20]

--------------------------------
Process exited after 22.23 seconds with return value 0
請按任意鍵繼續 . . .
```

1. 請簡單說明資訊安全（Information Security）必須具備哪四種特性。

2. 請簡述「加密」（Encrypt）與「解密」（Decrypt）。

3. 請說明「對稱性加密法」與「非對稱性加密法」間的差異性。

4. 請簡介 RSA（Rivest-Shamir-Adleman）演算法。

5. 試簡述數位簽章的內容。

6. 用雜湊法將下列 7 個數字存在 0、1...6 的 7 個位置：101、186、16、315、202、572、463。若欲存入 1000 開始的 11 個位置，又應該如何存放？

7. 何謂雜湊函數？試以除法及摺疊法（Folding Method），並以 7 位電話號碼當資料說明。

8. 試述 Hashing 與一般 Search 技巧有何不同？

9. 何謂完美雜湊？在何種情況下可使用之？

10. 採用何種雜湊函數可以使用下列的整數集合：{74,53,66,12,90,31,18,77,85,29}，在存入陣列空間為 10 的 Hash Table 不會發生碰撞？

8

徹底研究堆疊與
佇列演算法

堆疊結構在電腦中的應用相當廣泛，時常被用來解決電腦的問題，例如前面所談到的遞迴呼叫、副程式的呼叫，至於在日常生活中的應用也隨處可以看到，例如大樓電梯、貨架上的貨品等等，都是類似堆疊的資料結構原理。

▲ 電梯搭乘方式就是一種堆疊的應用

佇列在電腦領域的應用也相當廣泛，例如計算機的模擬（Simulation）、CPU 的工作排程（Job Scheduling）、線上同時周邊作業系統的應用與圖形走訪的先廣後深搜尋法（BFS）。由於堆疊與佇列都是抽象資料型態（Abstract Data Type, ADT），本章中將介紹相關的演算法。首先我們要說明堆疊在 C++ 程式設計領域中，包含以下兩種設計方式，分別是陣列結構與串列結構。

8-1 陣列實作堆疊輕鬆學

以陣列結構來製作堆疊的好處是製作與設計的演算法都相當簡單，但因為如果堆疊本身是變動的話，陣列大小並無法事先規劃宣告，太大時浪費空間，太小則不夠使用。

C++ 的相關演算法如下：

```
int isEmpty()    /* 判斷堆疊是否為空堆疊 */
{
    if(top==-1) return 1;
    else return 0;
}
```

```
int push(int data) // 存放頂端資料，並傳回新堆疊
{
    if(top>=MAXSTACK)
    {
        cout<<" 堆疊已滿，無法再加入 "<<endl;
        return 0;
    }
    else
    {
        stack[++top]=data; // 將資料存入堆疊
        return 1;
    }
}
```

```
int pop()
{
    if(isEmpty()) // 判斷堆疊是否為空，如果是則傳回 -1
        return -1;
    else
        return stack[top--]; // 將資料取出後，再將堆疊指標往下移
}
```

範例　**CH08_01.cpp** ┃ 請利用陣列結構來設計一 **C++** 程式，利用迴圈來控制準備推入或取出的元素，並模擬堆疊的各種工作運算，此堆疊最多可容納 **100** 個元素，其中必須包括推入（**Push**）與彈出（**Pop**）函數，及最後輸出所有堆疊內的元素。

```
01   #include <iostream>
02   #include <iomanip>
03   #define MAXSTACK 100 // 定義最大堆疊容量
04   using namespace std;
05   int stack[MAXSTACK];// 堆疊的陣列宣告
06   int top=-1;// 堆疊的頂端
07   // 判斷是否為空堆疊
08   int isEmpty()
09   {
10       if(top==-1) return 1;
11       else return 0;
```

```
12   }
13   // 將指定的資料存入堆疊
14   int push(int data)
15   {
16       if(top>=MAXSTACK)
17       {
18           cout<<" 堆疊已滿，無法再加入 "<<endl;
19           return 0;
20       }
21       else
22       {
23           stack[++top]=data;  // 將資料存入堆疊
24           return 1;
25       }
26   }
27   // 從堆疊取出資料
28   int pop()
29   {
30       if(isEmpty())  // 判斷堆疊是否為空，如果是則傳回 -1
31           return -1;
32       else
33           return stack[top--];  // 將資料取出後，再將堆疊指標往下移
34   }
35   // 主程式
36   int main(void)
37   {
38       int value;
39       int i;
40       cout<<" 請依序輸入 10 筆資料 :"<<endl;
41       for(i=0;i<10;i++)
42       {
43           cin>>value;
44           push(value);
45       }
46       cout<<"===================="<<endl;
47       while(!isEmpty())  // 將資料陸續從頂端彈出
48           cout<<" 堆疊彈出的順序為 :"<<setw(2)<<pop()<<endl;
49       cout<<"===================="<<endl;
50       return 0;
51   }
```

執行結果

```
請依序輸入10筆資料:
1
3
5
7
9
2
4
6
8
10
====================
堆疊彈出的順序為:10
堆疊彈出的順序為: 8
堆疊彈出的順序為: 6
堆疊彈出的順序為: 4
堆疊彈出的順序為: 2
堆疊彈出的順序為: 9
堆疊彈出的順序為: 7
堆疊彈出的順序為: 5
堆疊彈出的順序為: 3
堆疊彈出的順序為: 1
====================
---------------------------------
Process exited after 10.46 seconds with return value 0
請按任意鍵繼續 . . .
```

8-1-1　撲克牌發牌演算法

　　接下來還要看一個堆疊應用的範例程式。下例是以
陣列模擬撲克牌洗牌及發牌過程的演算法。以亂數取得
撲克牌後放入堆疊，放滿 52 張牌後開始發牌，同樣的
使用堆疊功能來發牌給四個人。

範例 **CH08_02.cpp** ▍ 請利用陣列模擬撲克牌洗牌及發牌的過程，以亂數取得

撲克牌後放入堆疊，放滿 **52** 張牌後開始發牌，同樣是使用堆疊功能來發

牌給四個人。

```cpp
01    #include <iostream>
02    #include <iomanip>
03    #include <ctime>
04    #include <cstdlib>
05
06    using namespace std;
07    void Swap(int*,int*);
08    void push(int statck[],int MAX,int val);
09    int pop(int stack[]);
10    int top=-1;
11    int main(void)
12    {
13        int card[52],stack[52]={0};
14        int i,j,k=0;
15        char ascVal;
16        int style;
17        srand((unsigned)time(NULL));
18        for (i=0;i<52;i++)
19            card[i]=i+1;
20        cout<<"[ 洗牌中 ... 請稍後 !]"<<endl;
21        while(k<30)
22        {
23            for(i=0;i<51;i++)
24                for(j=i+1;j<52;j++)
25                    if(rand()%52==2)
26                        Swap(&card[i],&card[j]);// 洗牌
27            k++;
28        }
29        i=0;
30        while(i!=52)
31        {
32            push(stack,52,card[i]);// 將 52 張牌推入堆疊
33            i++;
34        }
35        cout<<"[ 逆時針發牌 ]"<<endl;
36        cout<<"[ 顯示各家牌子 ]"<<endl;
37        cout<<" 東家 \t 北家 \t 西家 \t 南家 "<<endl;
38        cout<<"=============================="<<endl;
39        while (top >=0)
40        {
41            style = stack[top]/13;// 計算牌子花色
```

```
42          switch(style)   // 牌子花色圖示對應
43          {
44              case 0:        // 梅花
45                  ascVal=5;
46                  break;
47              case 1:        // 方塊
48                  ascVal=4;
49                  break;
50              case 2:        // 紅心
51                  ascVal=3;
52                  break;
53              case 3:        // 黑桃
54                  ascVal=6;
55                  break;
56          }
57          cout<<"["<<ascVal<<setw(3)<<stack[top]%13+1<<"] \t";
58          if(top%4==0)
59              cout<<endl;
60          top--;
61      }
62      return 0;
63  }
64  void push(int stack[],int MAX,int val)
65  {
66      if(top>=MAX-1)
67          cout<<"[ 堆疊已經滿了 ]"<<endl;
68      else
69      {
70          top++;
71          stack[top]=val;
72      }
73  }
74  int pop(int stack[])
75  {
76      if(top<0)
77          cout<<"[ 堆疊已經空了 ]"<<endl;
78      else
79          top--;
80      return stack[top];
81  }
82  void Swap(int* a,int* b)
83  {
84      int temp;
85      temp=*a;
86      *a=*b;
87      *b=temp;
88  }
```

執行結果

```
[洗牌中...請稍後!]
[逆時針發牌]
[顯示各家牌子]
 東家      北家      西家      南家
======================================
[♠  7]   [♥  1]   [♥ 10]   [♥  3]
[♥ 11]   [♣ 10]   [♥  2]   [♦ 11]
[♠ 11]   [♣ 12]   [♥  7]   [♦  7]
[♥ 13]   [♣ 13]   [♦  9]   [♠  9]
[♣  2]   [♠  4]   [♥  5]   [♦  6]
[♠  1]   [♣  8]   [♣ 10]   [♣ 11]
[♦ 10]   [♦  1]   [♦  8]   [♠ 12]
[♠  2]   [♦  2]   [♦  5]   [♣  5]
[♠  5]   [♥  6]   [♥  8]   [♥  9]
[♣  3]   [♥  4]   [♣  6]   [♥ 13]
[♦ 12]   [♣  8]   [♣ 13]   [♥ 12]
[♦  4]   [♦  3]   [♣  4]   [♦  9]
[♣  7]   [♣  6]   [♣  3]   [♦  1]


--------------------------------------
Process exited after 0.3652 seconds with return value 0
請按任意鍵繼續 . . .
```

8-2　串列實作堆疊

　　雖然以陣列結構來製作堆疊的好處是製作與設計的演算法都相當簡單，但因為如果堆疊本身是變動的話，陣列大小並無法事先規劃宣告。這時往往必須使用最大可能性陣列空間來考量，這樣會造成記憶體空間的浪費。而鏈結串列來製作堆疊的優點是隨時可以動態改變串列長度，不過缺點是設計時的演算法較為複雜。

範例　CH08_03.cpp ┃ 請以串列來模擬堆疊實作。

```cpp
01  #include <iostream>
02  #include <cstdlib>
03  #include <iomanip>
04
05  using namespace std;
06  class Node // 堆疊鏈結節點的宣告
07  {
08      public:
09      int data; // 堆疊資料的宣告
```

```
10      class Node *next;// 堆疊中用來指向下一個節點
11  };
12  typedef class Node Stack_Node;// 定義堆疊中節點的新型態
13  typedef Stack_Node *Linked_Stack;// 定義串列堆疊的新型態
14  Linked_Stack top=NULL;// 指向堆疊頂端的指標
15
16  // 判斷是否為空堆疊
17  int isEmpty()
18  {
19      if(top==NULL) return 1;
20      else return 0;
21  }
22  // 將指定的資料存入堆疊
23  void push(int data)
24  {
25      Linked_Stack new_add_node; // 新加入節點的指標
26      // 配置新節點的記憶體
27      new_add_node=new Stack_Node;
28      new_add_node->data=data;// 將傳入的值指定為節點的內容
29      new_add_node->next=top;// 將新節點指向堆疊的頂端
30      top=new_add_node;// 新節點成為堆疊的頂端
31  }
32  // 從堆疊取出資料
33  int pop()
34  {
35      Linked_Stack ptr; // 指向堆疊頂端的指標
36      int temp;
37      if(isEmpty()) // 判斷堆疊是否為空 , 如果是則傳回 -1
38      {
39          cout<<"=== 目前為空堆疊 ==="<<endl;
40          return -1;
41      }
42      else
43      {
44          ptr=top;// 指向堆疊的頂端
45          top=top->next;// 將堆疊頂端的指標指向下一個節點
46          temp=ptr->data;// 取出堆疊的資料
47          free(ptr);// 將節點佔用的記憶體釋放
48          return temp;// 將從堆疊取出的資料回傳給主程式
49      }
50  }
51  // 主程式
52  int main(void)
53  {
54      int value;
55      int i;
56      cout<<" 請依序輸入 10 筆資料 :"<<endl;
```

```
57      for(i=0;i<10;i++)
58      {
59          cin>>value;
60          push(value);
61      }
62      cout<<"==================="<<endl;
63      while(!isEmpty()) // 將資料陸續從頂端彈出
64          cout<<" 堆疊彈出的順序為 :"<<setw(2)<<pop()<<endl;
65      cout<<"==================="<<endl;
66      return 0;
67  }
```

執行結果

```
請依序輸入10筆資料:
1
2
3
4
5
6
7
8
9
10
===================
堆疊彈出的順序為:10
堆疊彈出的順序為: 9
堆疊彈出的順序為: 8
堆疊彈出的順序為: 7
堆疊彈出的順序為: 6
堆疊彈出的順序為: 5
堆疊彈出的順序為: 4
堆疊彈出的順序為: 3
堆疊彈出的順序為: 2
堆疊彈出的順序為: 1
===================

------------------------------------
Process exited after 6.487 seconds with return value 0
請按任意鍵繼續 . . .
```

8-3　古老的河內塔演算法

　　法國數學家 Lucas 在 1883 年介紹了一個十分經典的河內塔（Tower of Hanoi）智力遊戲，是典型使用遞迴式與堆疊觀念來解決問題的範例，內容是說在古印度神廟中有三根木樁，天神希望和尚們把某些數量大小不同的圓盤，由第一個木樁全部移動到第三個木樁。

步驟1
移動(n-1)個盤子

步驟3
移動(n-1)個盤子

(n-1)個盤子

(n-1)個盤子

【1號木樁】　　　　　　　【2號木樁】　　　　　　　【3號木樁】

步驟2　移動第n個最大盤子

更精確來說，河內塔問題是：假設有 A、B、C 三個木樁和 n 個大小均不相同的套環（Disc），由小到大編號為 1,2,3...n，編號越大直徑越大。開始的時候，n 個套環境套在 A 木樁上，現在希望能找到將 A 木樁上的套環藉著 B 木樁當中間橋梁，全部移到 C 木樁上最少次數的方法。不過在搬動時還必須遵守下列規則：

① 直徑較小的套環永遠置於直徑較大的套環上。

② 套環可任意地由任何一個木樁移到其他的木樁上。

③ 每一次僅能移動一個套環，而且只能從最上面的套環開始移動。

現在我們考慮 n=1~3 的狀況，以圖示方式為各位示範處理河內塔問題的步驟：

🔍 n=1 個套環

（當然是直接把盤子從 1 號木樁移動到 3 號木樁。）

1　　　　　　2　　　　　　3

</> n=2 個套環

STEP **1** 將套環從 1 號木樁移動到 2 號木樁。

STEP **2** 將套環從 1 號木樁移動到 3 號木樁。

STEP **3** 將套環從 2 號木樁移動到 3 號木樁,就完成了。

STEP **4** 完成。

結論:移動了 2^2-1=3 次,盤子移動的次序為 1,2,1(此處為盤子次序)。

步驟為:1 → 2,1 → 3,2 → 3(此處為木樁次序)。

🔍</> n=3 個套環

STEP 1 將套環從 1 號木樁移動到 3 號木樁。

STEP 2 將套環從 1 號木樁移動到 2 號木樁。

STEP 3 將套環從 3 號木樁移動到 2 號木樁。

STEP 4 將套環從 1 號木樁移動到 3 號木樁。

STEP **5** 將套環從 2 號木樁移動到 1 號木樁。

STEP **6** 將套環從 2 號木樁移動到 3 號木樁。

STEP **7** 將套環從 1 號木樁移動到 3 號木樁,就完成了。

STEP **8** 完成。

結論：移動了 $2^3-1=7$ 次，盤子移動的次序為 1,2,1,3,1,2,1（盤子次序）。

步驟為 1→3，1→2，3→2，1→3，2→1，2→3，1→3（木椿次序）。

當有 4 個盤子時，我們實際操作後（在此不作圖說明），盤子移動的次序為 121312141213121，而移動木椿的順序為 1→2，1→3，2→3，1→2，3→1，3→2，1→2，1→3，2→3，1→3，1→2，1→3，2→3，而移動次數為 $2^4-1=15$。

當 n 不大時，各位可以逐步用圖示解決，但 n 的值較大時，那可就十分傷腦筋了。事實上，我們可以得到一個結論，例如當有 n 個盤子時，可將河內塔問題歸納成三個步驟：

❶ 將 n-1 個盤子，從木椿 1 移動到木椿 2。

❷ 將第 n 個最大盤子，從木椿 1 移動到木椿 3。

❸ 將 n-1 個盤子，從木椿 2 移動到木椿 3。

由上圖中，各位應該發現河內塔問題是非常適合以遞迴式與堆疊來解決。因為它滿足了遞迴的兩大特性①有反覆執行的過程②有停止的出口。

範例 CH08_04.cpp ┃ 請設計一 C++ 程式，以遞迴式來實作河內塔演算法的求解。

```cpp
01  /*
02  [ 示範 ]: 利用河內塔函數求出不同盤子數的盤子移動步驟
03  */
04  #include <iostream>
05  using namespace std;
06  void hanoi(int, int, int, int);   // 函數原型
07  int main(void)
08  {
09      int j;
10      cout<<" 請輸入盤子數量：";
11      cin>>j;
12      hanoi(j,1, 2, 3);
13      return 0;
14  }
15  void hanoi(int n, int p1, int p2, int p3)
16  {
17      if (n==1)
18          cout<<" 盤子從 "<<p1<<" 移到 "<<p3<<endl;
19      else
20      {
21          hanoi(n-1, p1, p3, p2);
22          cout<<" 盤子從 "<<p1<<" 移到 "<<p3<<endl;
23          hanoi(n-1, p2, p1, p3);
24      }
25  }
```

執行結果

```
請輸入盤子數量：4
盤子從 1 移到 2
盤子從 1 移到 3
盤子從 2 移到 3
盤子從 1 移到 2
盤子從 3 移到 1
盤子從 3 移到 2
盤子從 1 移到 2
盤子從 1 移到 3
盤子從 2 移到 3
盤子從 2 移到 1
盤子從 3 移到 1
盤子從 2 移到 3
盤子從 1 移到 2
盤子從 1 移到 3
盤子從 2 移到 3
_____
Process exited after 2.219 seconds with return value 0
請按任意鍵繼續 . . .
```

8-4　八皇后演算法

　　八皇后問題也是一種常見的堆疊應用實例。在西洋棋中的皇后可以在沒有限定一步走幾格的前提下，對棋盤中的其他棋子直吃、橫吃及對角斜吃（左斜吃或右斜吃皆可），只要後放入的新皇后，放入前必須考慮所放位置直線方向、橫線方向或對角線方向是否已被放置舊皇后，否則就會被先放入的舊皇后吃掉。

　　利用這種觀念，我們可以將其應用在 4*4 的棋盤，就稱為 4-皇后問題；應用在 8*8 的棋盤，就稱為 8-皇后問題。應用在 N*N 的棋盤，就稱為 N-皇后問題。要解決 N-皇后問題（在此我們以 8-皇后為例），首先當於棋盤中置入一個新皇后，且這個位置不會被先前放置的皇后吃掉，就將這個新皇后的位置存入堆疊。

　　但是如果當您放置新皇后的該行（或該列）的 8 個位置，都沒有辦法放置新皇后（亦即一放入任何一個位置，就會被先前放置的舊皇后給吃掉）。此時，就必須由堆疊中取出前一個皇后的位置，並於該行（或該列）中重新尋找另一個新的位置放置，再將該位置存入堆疊中，而這種方式就是一種回溯（Backtracking）演算法的應用概念。

　　N-皇后問題的解答，就是配合堆疊及回溯兩種演算法概念，以逐行（或逐列）找新皇后位置（如果找不到，則回溯到前一行找尋前一個皇后另一個新的位置，以此類推）的方式，來尋找 N-皇后問題的其中一組解答。

　　以下分別是 4-皇后及 8-皇后在堆疊存放的內容及對應棋盤的其中一組解。

4-皇后堆疊內容　　　　　　　4-皇后的其中一組解

8-皇后堆疊內容　　　　8-皇后的其中一組解

範例 **CH08_05.cpp** | **請設計一 C++ 程式，來求取八皇后問題的解決方法。**

```
01   #include <iostream>
02   #include <iomanip>
03   #include <cmath>
04   #define EIGHT 8 // 定義最大堆疊容量
05   #define TRUE 1
06   #define FALSE 0
07   using namespace std;
08   int queen[EIGHT];// 存放 8 個皇后之列位置
09   int number=0;// 計算總共有幾組解的總數
10   // 決定皇后存放的位置
11   // 輸出所需要的結果
12   int attack(int ,int);
13   void print_table()
14   {
15       int x=0,y=0;
16       number+=1;
17       cout<<endl;
18       cout<<" 八皇后問題的第 "<<setw(2)<<number<<" 組解 "<<endl<<"\t";
19       for(x=0;x<EIGHT;x++)
20       {
21           for(y=0;y<EIGHT;y++)
22               if(x==queen[y])
23                   cout<<"<q>";
24               else
```

```
25                        cout<<"<->";
26                cout<<endl<<"\t";
27            }
28         system("pause");
29     }
30     void decide_position(int value)
31     {
32         int i=0;
33         while(i<EIGHT)
34         {
35         // 是否受到攻擊的判斷式
36             if(attack(i,value)!=1)
37             {
38                 queen[value]=i;
39                 if(value==7)
40                     print_table();
41                 else
42                     decide_position(value+1);
43             }
44             i++;
45         }
46     }
47     // 測試在 (row,col) 上的皇后是否遭受攻擊
48     // 若遭受攻擊則傳回值為 1, 否則傳回 0
49     int attack(int row,int col)
50     {
51         int i=0,atk=FALSE;
52         int offset_row=0,offset_col=0;
53         while((atk!=1)&&i<col)
54         {
55             offset_col=abs(i-col);
56             offset_row=abs(queen[i]-row);
57             // 判斷兩皇后是否在同一列在同一對角線上
58             if((queen[i]==row)||(offset_row==offset_col))
59                 atk=TRUE;
60             i++;
61         }
62         return atk;
63     }
64     // 主程式
65     int main(void)
66     {
67         decide_position(0);
68         return 0;
69     }
```

🔄 執行結果

```
八皇后問題的第 1 組解
        <q><-><-><-><-><-><-><->
        <-><-><-><-><-><-><q><->
        <-><-><-><-><q><-><-><->
        <-><-><-><-><-><-><-><q>
        <-><q><-><-><-><-><-><->
        <-><-><-><q><-><-><-><->
        <-><-><-><-><-><q><-><->
        <-><-><q><-><-><-><-><->
        請按任意鍵繼續 . . .
八皇后問題的第 2 組解
        <q><-><-><-><-><-><-><->
        <-><-><-><-><-><-><q><->
        <-><-><-><q><-><-><-><->
        <-><-><-><-><-><q><-><->
        <-><-><-><-><-><-><-><q>
        <-><q><-><-><-><-><-><->
        <-><-><-><-><q><-><-><->
        <-><-><q><-><-><-><-><->
        請按任意鍵繼續 . . . ▄
```

8-5 陣列實作佇列

以陣列結構來製作佇列的好處是演算法相當簡單,不過與堆疊不同之處是需要擁有兩種基本動作加入與刪除,而且使用 front 與 rear 兩個註標來分別指向佇列的前端與尾端,缺點是陣列大小並無法事先規劃宣告。首先我們需要宣告一個有限容量的陣列,並以下列圖示說明:

```
#define MAXSIZE  4
int queue[MAXSIZE]; // 佇列大小為4
int front=-1;
int rear=-1;
```

STEP **1** 當開始時,我們將 front 與 rear 都預設為 -1,當 front=rear 時,則為空佇列。

事件說明	front	rear	Q(0)	Q(1)	Q(2)	Q(3)
空佇列 Q	-1	-1				

STEP **2**　加入 dataA，front=-1，rear=0，每加入一個元素，將 rear 值加 1。

加入 dataA	-1	0	dataA			

STEP **3**　加入 dataB、dataC，front=-1，rear=2。

加入 dataB、C	-1	2	dataA	dataB	dataC	

STEP **4**　取出 dataA，front=0，rear=2，每取出一個元素，將 front 值加 1。

取出 dataA	0	2		dataB	dataC	

STEP **5**　加入 dataD，front=0，rear=3，此時當 rear=MAXSIZE-1，表示佇列已滿。

加入 dataD	0	3		dataB	dataC	dataD

STEP **6**　取出 dataB，front=1，rear=3。

取出 dataB	1	3			dataC	dataD

從以上實作的過程中，以陣列操作佇列的 C++ 的相關演算法如下：

```
#defineMAX_SIZE 100 // 佇列的最大容量
int queue[MAX_SIZE];
int front=-1;
int rear=-1; // 空佇列時，front=-1，rear=-1
// front 及 rear 皆為全域變數


void  enqueue(int item) // 將新資料加入 Q 的尾端，傳回新佇列
{
    if (rear==MAX_SIZE-1)
        cout<<" 佇列已滿！ ";
```

```
    else
    {
        rear++;
        queue(rear)=item;
    }// 加新資料到佇列的尾端
}
```

```
void dequeue(int item) // 刪除佇列前端資料，傳回新佇列
{
    if (front==rear)
        cout<<" 佇列已空！ ";
    else
    {
        front++;
        item=Queue[front];
    }
} // 刪除佇列前端資料
```

```
void front_value(int *Queue)   // 傳回佇列前端的值
{
    if (front==rear)
        cout<<» 這是空佇列 »;
    else
        cout<<queue[front];
} // 傳回佇列前端的值
```

範例 **CH08_06.cpp** ┃ 請設計一 C++ 程式，來實作佇列的工作運算，其中佇列宣告為 queue[20]，且一開始 front 和 rear 均預設為 -1（因為 C++ 陣列的索引從 0 開始），表示空佇列。加入資料時請輸入 "I"，要取出資料時可輸入 "G"，將會直接印出佇列前端的值，要結束請按 "E"。

```
01   /*
02   [ 示範 ]: 實作佇列資料的存入和取出
03   */
04   #include <iostream>
05   using namespace std;
06   const int MAX=20;// 定義佇列的大小
07   int main(void)
```

```
08  {
09      int front,rear,val,queue[MAX]={0};
10      char ch;
11      front=rear=-1;
12      while(rear<MAX-1&&ch!='E')
13      {
14          cout<<"[I] 存入一個數值 [G] 取出一個數值 [E] 結束： ";
15          cin>>ch;
16          switch(ch)
17          {
18              case 'I':
19                  cout<<"[ 請輸入數值 ]: ";
20                  cin>>val;
21                  rear++;
22                  queue[rear]=val;
23                  break;
24              case 'G':
25                  if(rear>front)
26                  {
27                      front++;
28                      cout<<"[ 取出數值為 ]: ["<<queue[front]<<"]";
29                      cout<<endl;
30                      queue[front]=0;
31                  }
32                  else
33                  {
34                      cout<<"[ 佇列已經空了 ]"<<endl;
35                      exit(0);
36                  }
37                  break;
38              default:
39                  cout<<endl;
40                  break;
41          }
42      }
43      if(rear==MAX-1) cout<<"[ 佇列已經滿了 ]"<<endl;
44      cout<<"[ 目前佇列中的資料 ]:";
45      if (front>=rear)
46      {
47          cout<<" 沒有 "<<endl;
48          cout<<"[ 佇列已經空了 ]"<<endl;
49      }
50      else
51      {
52          while (rear>front)
53          {
```

```
54            front++;
55            cout<<"["<<queue[front]<<"]\t";
56        }
57        cout<<endl;
58    }
59    return 0;
60 }
```

執行結果

```
【I】存入一個數值【G】取出一個數值【E】結束: I
【請輸入數值】: 4
【I】存入一個數值【G】取出一個數值【E】結束: I
【請輸入數值】: 5
【I】存入一個數值【G】取出一個數值【E】結束: G
【取出數值為,】: 【4】
【I】存入一個數值【G】取出一個數值【E】結束: E

【目前佇列中的資料】:【5】

------------------------------------
Process exited after 23.2 seconds with return value 0
請按任意鍵繼續 . . .
```

8-6 串列實作佇列

佇列除了能以陣列的方式來實作外,我們也可以鏈結串列實作佇列。在宣告佇列類別中,除了和佇列類別中相關的方法外,還必須有指向佇列前端及佇列尾端的指標,即 front 及 rear。

範例 CH08_07.cpp │ 串列實作佇列程式說明。

```
01  /*
02  [示範]: 實作以鏈結串列建立佇列
03  */
04  #include <iostream>
05  #include <cstdlib>
06  #include <iomanip>
07  using namespace std;
08  class Node
```

```
09  {
10      public:
11          int data;
12          class Node *next;
13  };
14  typedef class Node QueueNode;
15  typedef QueueNode *QueueByLinkedList;
16  QueueByLinkedList front=NULL;
17  QueueByLinkedList rear=NULL;
18  // 方法 enqueue: 佇列資料的存入
19  void enqueue(int value) {
20      QueueByLinkedList node; // 建立節點
21      node=new QueueNode;
22      node->data=value;
23      node->next=NULL;
24      // 檢查是否為空佇列
25      if (rear==NULL)
26          front=node; // 新建立的節點成為第 1 個節點
27      else
28          rear->next=node; // 將節點加入到佇列的尾端
29      rear=node; // 將佇列的尾端指標指向新加入的節點
30  }
31  // 方法 dequeue: 佇列資料的取出
32  int dequeue()
33  {
34      int value;
35      // 檢查佇列是否為空佇列
36      if (!(front==NULL))
37      {
38          if(front==rear) rear=NULL;
39          value=front->data; // 將佇列資料取出
40          front=front->next; // 將佇列的前端指標指向下一個
41          return value;
42      }
43      else return -1;
44  }
45  int main(void)
46  {
47      int temp;
48      cout<<" 以鏈結串列來實作佇列 "<<endl;
49      cout<<"================================="<<endl;
50      cout<<" 在佇列前端加入第 1 筆資料，此資料值為 1"<<endl;
51      enqueue(1);
52      cout<<" 在佇列前端加入第 2 筆資料，此資料值為 3"<<endl;
53      enqueue(3);
54      cout<<" 在佇列前端加入第 3 筆資料，此資料值為 5"<<endl;
```

```
55        enqueue(5);
56        cout<<" 在佇列前端加入第 4 筆資料，此資料值為 7"<<endl;
57        enqueue(7);
58        cout<<" 在佇列前端加入第 5 筆資料，此資料值為 9"<<endl;
59        enqueue(9);
60        cout<<"================================="<<endl;
61        while (1)
62        {
63            if (!(front==NULL))
64            {
65                temp=dequeue();
66                cout<<" 從佇列前端依序取出的元素資料值為："<<setw(1)<<temp<<endl;
67            }
68          else
69             break;
70        }
71        cout<<endl;
72        return 0;
73  }
```

◎ 執行結果

```
以鏈結串列來置作佇列
=================================
在佇列前端加入第1筆資料，此資料值為1
在佇列前端加入第2筆資料，此資料值為3
在佇列前端加入第3筆資料，此資料值為5
在佇列前端加入第4筆資料，此資料值為7
在佇列前端加入第5筆資料，此資料值為9
=================================
從佇列前端依序取出的元素資料值為：1
從佇列前端依序取出的元素資料值為：3
從佇列前端依序取出的元素資料值為：5
從佇列前端依序取出的元素資料值為：7
從佇列前端依序取出的元素資料值為：9


---------------------------------
Process exited after 0.4339 seconds with return value 0
請按任意鍵繼續 . . .
```

8-7 有趣的雙向佇列

雙向佇列（Double-ended Queue, Deque）為一有序串列，加入與刪除可在佇列的任意一端進行，請看下圖：

Lfront：左邊佇列首端　　　　　　　　　　　　　Rfront：右邊佇列首端

Lrear ：左邊佇列尾端　　　　　　　　　　　　　Rrear ：右邊佇列尾端

　　具體來說，雙向佇列就是允許兩端中的任意一端都具備有刪除或加入功能，而且無論左右兩端的佇列，首端與尾端指標都是朝佇列中央來移動。通常在一般的應用上，雙向佇列的應用可以區分為兩種：第一種是資料只能從一端加入，但可從兩端取出，另一種則是可由兩端加入，但由一端取出。以下我們將討論第一種輸入限制的雙向佇列，C++ 的節點宣告、加入與刪除運算法如下：

```
struct Node
{
    int data;
    struct Node *next;
};
typedef struct Node QueueNode;
typedef QueueNode *QueueByLinkedList;
QueueByLinkedList front=NULL;
QueueByLinkedList rear=NULL;
```

```
void enqueue(int value) // 方法 enqueue：佇列資料的加入
{
    QueueByLinkedList node; /* 建立節點 */
    node=(QueueByLinkedList)malloc(sizeof(QueueNode));
    node->data=value;
    node->next=NULL;
    // 檢查是否為空佇列
    if (rear==NULL)
        front=node;// 新建立的節點成為第 1 個節點
    else
        rear->next=node;// 將節點加入到佇列的尾端
    rear=node;// 將佇列的尾端指標指向新加入的節點
}
```

```
int dequeue(int action)// 方法 dequeue: 佇列資料的取出
{
    int value;
    QueueByLinkedList tempNode,startNode;
    // 從前端取出資料
    if (!(front==NULL) && action==1)
    {
        if(front==rear) rear=NULL;
        value=front->data;// 將佇列資料從前端取出
        front=front->next;// 將佇列的前端指標指向下一個
        return value;
    }
    // 從尾端取出資料
    else if(!(rear==NULL) && action==2)
    {
        startNode=front;// 先記下前端的指標值
        value=rear->data;// 取出目前尾端的資料
        // 找尋最尾端節點的前一個節點
        tempNode=front;
        while (front->next!=rear && front->next!=NULL)
        {
            front=front->next;
            tempNode=front;
        }
        front=startNode;// 記錄從尾端取出資料後的佇列前端指標
        rear=tempNode;// 記錄從尾端取出資料後的佇列尾端指標
        // 下一行程式是指當佇列中僅剩下最節點時，
        // 取出資料後便將 front 及 rear 指向 null
        if ((front->next==NULL) || (rear->next==NULL))
        {
            front=NULL;
            rear=NULL;
        }
        return value;
    }
    else return -1;
}
```

範例 CH08_08.cpp ┃ 請利用鏈結串列結構來設計一輸入限制的雙向佇列 C++
程式，我們只能從一端加入資料，但取出資料時，將分別由前後端取出。

```
01  /*
02  [ 示範 ]: 雙向佇列實作
03  */
04  #include <iostream>
```

```
05   #include <cstdlib>
06   #include <iomanip>
07   using namespace std;
08   class Node
09   {
10       public:
11           int data;
12           class Node *next;
13   };
14   typedef class Node QueueNode;
15   typedef QueueNode *QueueByLinkedList;
16   QueueByLinkedList front=NULL;
17   QueueByLinkedList rear=NULL;
18   // 方法 enqueue: 佇列資料的存入
19   void enqueue(int value)
20   {
21       QueueByLinkedList node; // 建立節點
22       node=new QueueNode;
23       node->data=value;
24       node->next=NULL;
25       // 檢查是否為空佇列
26       if (rear==NULL)
27           front=node;// 新建立的節點成為第 1 個節點
28       else
29           rear->next=node;// 將節點加入到佇列的尾端
30       rear=node;// 將佇列的尾端指標指向新加入的節點
31   }
32   // 方法 dequeue: 佇列資料的取出
33   int dequeue(int action)
34   {
35       int value;
36       QueueByLinkedList tempNode,startNode;
37       // 從前端取出資料
38       if (!(front==NULL) && action==1)
39       {
40           if(front==rear) rear=NULL;
41           value=front->data;// 將佇列資料從前端取出
42           front=front->next;// 將佇列的前端指標指向下一個
43           return value;
44       }
45       // 從尾端取出資料
46       else if(!(rear==NULL) && action==2)
47       {
48           startNode=front;// 先記下前端的指標值
49           value=rear->data;// 取出目前尾端的資料
50           // 找尋最尾端節點的前一個節點
51           tempNode=front;
```

```
52          while (front->next!=rear && front->next!=NULL)
53          {
54              front=front->next;
55              tempNode=front;
56          }
57          front=startNode;// 記錄從尾端取出資料後的佇列前端指標
58          rear=tempNode;// 記錄從尾端取出資料後的佇列尾端指標
59          // 下一行程式是指當佇列中僅剩下最節點時，
60          // 取出資料後便將 front 及 rear 指向 NULL
61          if ((front->next==NULL) || (rear->next==NULL))
62          {
63              front=NULL;
64              rear=NULL;
65          }
66          return value;
67      }
68      else return -1;
69  }
70  int main(void)
71  {
72      int temp;
73      cout<<" 以鏈結串列來實作雙向佇列 "<<endl;
74      cout<<"===================================="<<endl;
75      cout<<" 在雙向佇列前端加入第 1 筆資料，此資料值為 1"<<endl;
76      enqueue(1);
77      cout<<" 在雙向佇列前端加入第 2 筆資料，此資料值為 3"<<endl;
78      enqueue(3);
79      cout<<" 在雙向佇列前端加入第 3 筆資料，此資料值為 5"<<endl;
80      enqueue(5);
81      cout<<" 在雙向佇列前端加入第 4 筆資料，此資料值為 7"<<endl;
82      enqueue(7);
83      cout<<" 在雙向佇列前端加入第 5 筆資料，此資料值為 9"<<endl;
84      enqueue(9);
85      cout<<"===================================="<<endl;
86      temp=dequeue(1);
87      cout<<" 從雙向佇列前端依序取出的元素資料值為："<<setw(1)<<temp<<endl;
88      temp=dequeue(2);
89      cout<<" 從雙向佇列尾端依序取出的元素資料值為："<<setw(1)<<temp<<endl;
90      temp=dequeue(1);
91      cout<<" 從雙向佇列前端依序取出的元素資料值為："<<setw(1)<<temp<<endl;
92      temp=dequeue(2);
93      cout<<" 從雙向佇列尾端依序取出的元素資料值為："<<setw(1)<<temp<<endl;
94      temp=dequeue(1);
95      cout<<" 從雙向佇列前端依序取出的元素資料值為："<<setw(1)<<temp<<endl;
96      cout<<endl;
97      return 0;
98  }
```

🔄 **執行結果**

```
以鏈結串列來實作雙向佇列
====================================
在雙向佇列前端加入第1筆資料，此資料值為1
在雙向佇列前端加入第2筆資料，此資料值為3
在雙向佇列前端加入第3筆資料，此資料值為5
在雙向佇列前端加入第4筆資料，此資料值為7
在雙向佇列前端加入第5筆資料，此資料值為9
====================================
從雙向佇列前端依序取出的元素資料值為：1
從雙向佇列尾端依序取出的元素資料值為：9
從雙向佇列前端依序取出的元素資料值為：3
從雙向佇列尾端依序取出的元素資料值為：7
從雙向佇列前端依序取出的元素資料值為：5


------------------------------------
Process exited after 0.3463 seconds with return value 0
請按任意鍵繼續 . . .
```

8-8　優先佇列

　　優先佇列（Priority Queue）為一種不必遵守佇列特性 – FIFO（先進先出）的有序串列，其中的每一個元素都賦予一個優先權（Priority），加入元素時可任意加入，但有最高優先權者（Highest Priority Out First, HPOF）則最先輸出。

　　我們知道一般醫院中的急診室，當然以最嚴重的病患（如得 SARS 的病人）優先診治，跟進入醫院掛號的順序無關。或者在電腦中 CPU 的工作排程，優先權排程（Priority Scheduling, PS）就是一種來挑選行程的「排程演算法」（Scheduling Algorithm），也會使用到優先佇列，好比層級高的使用者，就比一般使用者擁有較高的權利。

🔵 急診室病患的安排就是優先佇列的應用

想一想，怎麼做？

1. 請舉出至少三種常見的堆疊應用。

2. 解釋下列名詞：

   (1) 堆疊（Stack）

   (2) TOP(PUSH(i,s)) 之結果為何？

   (3) POP(PUSH(i,s)) 之結果為何？

3. 請問河內塔問題中，移動 n 個盤子所需的最小移動次數？試說明之。

4. 何謂優先佇列？請說明之。

5. 回答以下問題：

   (1) 下列何者不是佇列（Queue）觀念的應用？
      (A) 作業系統的工作排程 (B) 輸出入的工作緩衝 (C) 河內塔的解決方法 (D) 中山高速公路的收費站收費

   (2) 下列哪一種資料結構是線性串列？
      (A) 堆疊 (B) 佇列 (C) 雙向佇列 (D) 陣列 (E) 樹

6. 假設我們利用雙向佇列（Deque）循序輸入 1,2,3,4,5,6,7，試問是否能夠得到 5174236 的輸出排列？

7. 請說明佇列應具備的基本特性。

8. 請舉出至少三種佇列常見的應用。

Chapter

9 超圖解的
樹狀演算法

　　樹狀結構是一種日常生活中應用相當廣泛的非線性結構，樹狀演算法在程式中的建立與應用大多使用鏈結串列來處理，因為鏈結串列的指標用來處理樹是相當方便，只需改變指標即可。此外，當然也可以使用陣列的連續記憶體來表示二元樹，至於使用陣列或鏈結串列都各有利弊，本章將介紹常見的相關演算法。

▲社團的組織圖也是樹狀結構的應用

　　由於二元樹的應用相當廣泛，所以衍生了許多特殊的二元樹結構。我們首先為您介紹如下：

🔍 完滿二元樹（Full Binary Tree）

　　如果二元樹的高度為 h，樹的節點數為 2^h-1，h>=0，則我們稱此樹為「完滿二元樹」，如下圖所示：

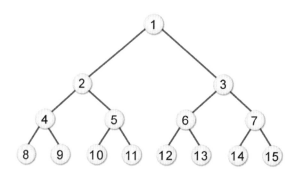

完整二元樹（Complete Binary Tree）

如果二元樹的深度為 h，所含的節點數小於 2^h-1，但其節點的編號方式如同深度為 h 的完滿二元樹一般，從左到右，由上到下的順序一一對應結合。如下圖：

（深度為3的完整二元樹）　（非完整二元樹）

沒有第6個

對於完整二元樹而言，假設有 N 個節點，那麼此二元樹的階層（Level）h 為 $\lfloor \log_2(N+1) \rfloor$。

歪斜樹（Skewed Binary Tree）

當一個二元樹完全沒有右節點或左節點時，我們就把它稱為左歪斜樹或右歪斜樹。

左歪斜樹　　　　　右歪斜樹

嚴格二元樹（Strictly Binary Tree）

如果二元樹的每個非終端節點均有非空的左右子樹，如下圖所示：

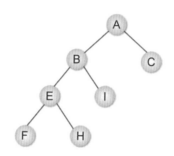

9-1 陣列實作二元樹

如果使用循序的一維陣列來表示二元樹，首先可將此二元樹假想成一個完滿二元樹，而且第 k 個階度具有 2^{k-1} 個節點，並且依序存放在此一維陣列中。首先來看看使用一維陣列建立二元樹的表示方法及索引值的配置：

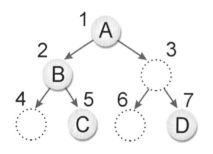

索引值	1	2	3	4	5	6	7
內容值	A	B			C		D

從上圖中，我們可以看到此一維陣列中的索引值有以下關係：

① 左子樹索引值是父節點索引值 *2。

② 右子樹索引值是父節點索引值 *2+1。

接著來看如何以一維陣列建立二元樹的實例，事實上就是建立一個二元搜尋樹，這是一種很好的排序應用模式，因為在建立二元樹的同時，資料已經經過初步的比較判斷，並依照二元樹的建立規則來存放資料。二元搜尋樹具有以下特點：

① 可以是空集合，但若不是空集合則節點上一定要有一個鍵值。

② 每一個樹根的值需大於左子樹的值。

③ 每一個樹根的值需小於右子樹的值。

④ 左右子樹也是二元搜尋樹。

⑤ 樹的每個節點值都不相同。

現在我們示範用一組資料 32、25、16、35、27 來建立一棵二元搜尋樹，：

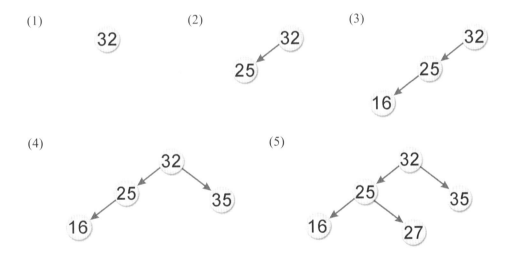

範例 **CH09_01.cpp** ┃ 請設計一 C++ 程式，依序輸入一棵二元樹節點的資料，分別是 0、6、3、5、4、7、8、9、2，並建立一棵二元搜尋樹，最後輸出此儲存此二元樹的一維陣列。

```
01  #include <iostream>
02  using namespace std;
03
04  class tree  // 節點串列結構宣告
```

```
05  {
06      public:
07          int data; // 節點資料
08          class tree *left,*right; // 節點左指標及右指標
09  };
10  typedef class tree node;
11  typedef node *btree;
12  void Inorder(btree ptr);
13  int main(void)
14  {
15      int i,level;
16      int data[]={0,6,3,5,9,7,8,4,2}; // 原始陣列
17      int btree[16]={0}; // 存放二元數陣列
18      cout<<" 原始陣列內容：";<<endl;
19      for (i=1;i<9;i++)
20          cout<<"["<<data[i]<<"] ";
21      cout<<endl;
22      for(i=1;i<9;i++)     // 把原始陣列中的值逐一比對
23      {
24          for(level=1;btree[level]!=0;)
25          // 比較樹根及陣列內的值
26          {
27              if(data[i]>btree[level])
28              // 如果陣列內的值大於樹根，則往右子樹比較
29                  level=level*2+1;
30              else  // 如果陣列內的值小於或等於樹根，則往左子樹比較
31                  level=level*2;
32          }   // 如果子樹節點的值不為 0，則再與陣列內的值比較一次
33          btree[level]=data[i];  // 把陣列值放入二元樹
34      }
35      cout<<" 二元樹內容：";<<endl;
36      for (i=1;i<16;i++)
37          cout<<"["<<btree[i]<<"] ";
38      cout<<endl;
39      return 0;
40  }
41  void Inorder(btree ptr)
42  {
43      if(ptr!=NULL)
44      {
45          Inorder(ptr->left); // 走訪左子樹
```

```
46              cout<<"["<<ptr->data<<"]"; // 走訪列印樹根
47              Inorder(ptr->right); // 走訪右子樹
48          }
49      }
```

執行結果

```
原始陣列內容：
[6] [3] [5] [9] [7] [8] [4] [2]
二元樹內容：
[6] [3] [9] [2] [5] [7] [0] [0] [0] [4] [0] [0] [8] [0] [0]

_____
Process exited after 0.3311 seconds with return value 0
請按任意鍵繼續 . . .
```

下圖是此陣列值在二元樹中的存放情形：

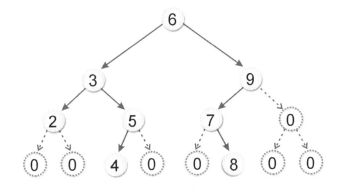

9-2 鏈結串列實作二元樹

所謂鏈結串列實作二元樹，就是利用鏈結串列來儲存二元樹。基本上，使用串列來表示二元樹的好處是對於節點的增加與刪除相當容易，缺點是很難找到父節點，除非在每一節點多增加一個父欄位。以上述宣告而言，此節點所存放的資料型態為整數。如果使用 C 的結構指令，可寫成如下的宣告：

```
struct tree
{
    int data;
        struct tree *left;
        struct tree *right;
}
typedef struct tree node;
typedef node *btree;
```

例如下圖所示：

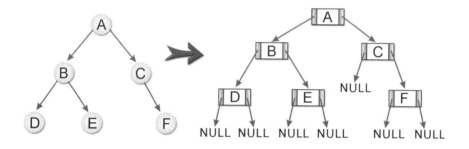

範例　CH09_02.cpp ┃ 請設計一 C++ 程式，依序輸入一棵二元樹 10 個節點的
資料，並利用鏈結串列來建立二元樹。

```
01   #include <iostream>
02   #include <cstdlib>
03   #include <iomanip>
04   #define ArraySize 10
05   using namespace std;
06   class Node// 二元樹的節點宣告
07   {
08       public:
09       int value;// 節點資料
10       struct Node *left_Node;// 指向左子樹的指標
11       struct Node *right_Node;// 指向左右子樹的指標
12   };
13   typedef class Node TreeNode;// 定義新的二元樹節點資料型態
14   typedef TreeNode *BinaryTree;// 定義新的二元樹鏈結資料型態
15   BinaryTree rootNode;// 二元樹的根節點的指標
16
17   // 將指定的值加入到二元樹中適當的節點
```

```
18   void Add_Node_To_Tree(int value)
19   {
20        BinaryTree currentNode;
21        BinaryTree newnode;
22        int flag=0;// 用來記錄是否插入新的節點
23        newnode=(BinaryTree) malloc(sizeof(TreeNode));
24        // 建立節點內容
25        newnode->value=value;
26        newnode->left_Node=NULL;
27        newnode->right_Node=NULL;
28        // 如果為空的二元樹，便將新的節點設定為根節點
29        if(rootNode==NULL)
30            rootNode=newnode;
31        else
32        {
33            currentNode=rootNode;// 指定一個指標指向根節點
34            while(!flag)
35              if (value<currentNode->value)
36              { // 在左子樹
37                  if(currentNode->left_Node==NULL)
38                  {
39                      currentNode->left_Node=newnode;
40                      flag=1;
41                  }
42                  else
43                      currentNode=currentNode->left_Node;
44              }
45              else
46              { // 在右子樹
47                  if(currentNode->right_Node==NULL)
48                  {
49                      currentNode->right_Node=newnode;
50                      flag=1;
51                  }
52                  else
53                      currentNode=currentNode->right_Node;
54              }
55        }
56   }
57   int main(void)
58   {
59       int tempdata;
```

```
60        int content[ArraySize];
61        int i=0;
62        rootNode=(BinaryTree) malloc(sizeof(TreeNode));
63        rootNode=NULL;
64        cout<<" 請連續輸入 10 筆資料： "<<endl;
65        for(i=0;i<ArraySize;i++)
66        {
67          cout<<" 請輸入第 "<<setw(1)<<(i+1)<<" 筆資料： ";
68          cin>>tempdata;
69          content[i]=tempdata;
70        }
71        for(i=0;i<ArraySize;i++)
72            Add_Node_To_Tree(content[i]);
73        cout<<" 完成以鏈結串列的方式建立二元樹 ";
74        cout<<endl;
75        return 0;
76  }
```

執行結果

```
請連續輸入10筆資料:
請輸入第1筆資料: 1
請輸入第2筆資料: 6
請輸入第3筆資料: 4
請輸入第4筆資料: 2
請輸入第5筆資料: 10
請輸入第6筆資料: 7
請輸入第7筆資料: 8
請輸入第8筆資料: 12
請輸入第9筆資料: 17
請輸入第10筆資料: 3
完成以鏈結串列的方式建立二元樹

----------------------------------
Process exited after 18.84 seconds with return value 0
請按任意鍵繼續 . . . ■
```

9-3 二元樹走訪的入門捷徑

我們知道線性陣列或串列，都只能單向從頭至尾或反向走訪。所謂二元樹的走訪（Binary Tree Traversal），最簡單的說法就是「拜訪樹中所有的節點各一次」，並且在走訪後，將樹中的資料轉化為線性關係。就以下圖一個簡單的二元樹節點而言，每個節點都可區分為左右兩個分支。

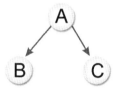

所以共可以有 ABC、ACB、BAC、BCA、CAB、CBA 等 6 種走訪方法。如果是依照二元樹特性，一律由左向右，那會只剩下三種走訪方式，分別是 BAC、ABC、BCA 三種。我們通常把這三種方式的命名與規則如下：

① 中序走訪（**BAC, Inorder**）：左子樹→樹根→右子樹。

② 前序走訪（**ABC, Preorder**）：樹根→左子樹→右子樹。

③ 後序走訪（**BCA, Postorder**）：左子樹→右子樹→樹根。

對於這三種走訪方式，只需要記得樹根的位置就不會前中後序給搞混，例如中序法即樹根在中間，前序法是樹根在前面，後序法則是樹根在後面。而走訪方式也一定是先左子樹後右子樹。以下即對這三種方式做更詳盡的介紹。

中序走訪

中序走訪（Inorder Traversal）是 LDR 的組合，也就是從樹的左側逐步向下方移動，直到無法移動，再追蹤此節點，並向右移動一節點。如果無法再向右移動時，可以返回上層的父節點，並重複左、中、右的步驟進行。

❶　走訪左子樹。

❷　拜訪樹根。

❸　走訪右子樹。

如右圖的中序走訪為：FDHGIBEAC

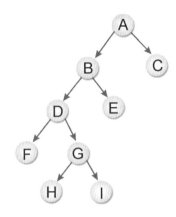

中序走訪的遞迴演算法如下：

```
void Inorder (btree ptr)
{
    if (ptr != NULL)
    {
        Inorder(ptr->left);   // 走訪左子樹
        cout<<ptr ->data;     // 走訪列印樹根
        Inorder(ptr->right);  // 走訪右子樹
    }
}
```

後序走訪

後序走訪（Postorder Traversal）是 LRD 的組合，走訪的順序是先追蹤左子樹，再追蹤右子樹，最後處理根節點，反覆執行此步驟。

❶　走訪左子樹。

❷　走訪右子樹。

❸　拜訪樹根。

如右圖的後序走訪為：FHIGDEBCA

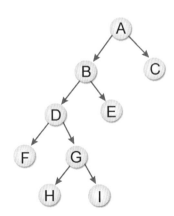

後序走訪的遞迴演算法如下：

```
void Postorder (btree ptr)
{
    if (ptr != NULL)
    {
        Postorder(ptr->left);      // 走訪左子樹
        Postorder(ptr->right);// 走訪右子樹
        cout<<ptr ->data;  // 走訪列印樹根
    }
}
```

🔍 前序走訪

前序走訪（Preorder Traversal）是 DLR 的組合，也就是從根節點走訪，再往左方移動，當無法繼續時，繼續向右方移動，接著再重複執行此步驟。

❶　拜訪樹根。

❷　走訪左子樹。

❸　走訪右子樹。

如右圖的前序走訪為：ABDFGHIEC

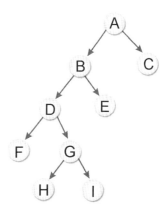

前序走訪的遞迴演算法如下：

```
void  Preorder (btree ptr)
{
    if (ptr != NULL)
    {
        cout<<ptr ->data;  // 走訪列印樹根
        Preorder(ptr->left);         // 走訪左子樹
        Preorder(ptr->right);        // 走訪右子樹
    }
}
```

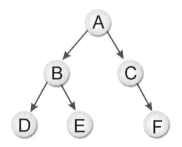

範例 請問右圖中二元樹的中序、前序及後序表示法為何？

解答 中序走訪為：DBEACF

前序走訪為：ABDECF

後序走訪為：DEBFCA

範例 接著再來看看下列二元樹的中序、前序及後序走訪的結果為何？

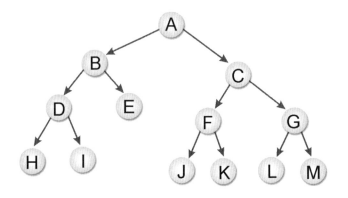

解答 ①前序：ABDHIECFJKGLM

②中序：HDIBEAJFKCLGM

③後序：HIDEBJKFLMGCA

範例 **CH09_03.cpp** ┃ 請設計一 C++ 程式，依序輸入一棵二元樹節點的資料，分別是 **7,4,1,5,16,8,11,12,15,9,2**，輸出此二元樹的中序、前序與後序的走訪結果。

```cpp
01  #include <iostream>
02  #include <iomanip>
03  using namespace std;
04  class tree // 節點串列結構宣告
05  {
06      public :
```

```
07            int data; // 節點資料
08            class tree *left,*right; // 節點左指標及右指標
09    };
10    typedef class tree node;
11    typedef node *btree;
12    btree creat_tree(btree,int);
13    void pre(btree);
14    void in(btree);
15    void post(btree);
16    int main(void)
17    {
18        int arr[]={7,4,1,5,16,8,11,12,15,9,2};// 原始陣列內容
19        btree ptr=NULL; // 宣告樹根
20        cout<<"[ 原始陣列內容 ]"<<endl;
21        for (int i=0;i<11;i++)// 建立二元樹，並將二元樹內容列印出來
22        {
23            ptr=creat_tree(ptr,arr[i]);
24            cout<<"["<<setw(2)<<arr[i]<<"] ";
25        }
26        cout<<endl;
27        cout<<"[ 二元樹的內容 ]"<<endl;
28        cout<<" 前序走訪結果："<<endl;// 列印前、中、後序走訪結果
29        pre(ptr);
30        cout<<endl;
31        cout<<" 中序走訪結果："<<endl;
32        in(ptr);
33        cout<<endl;
34        cout<<" 後序走訪結果："<<endl;
35        post(ptr);
36        cout<<endl;
37        return 0;
38    }
39    btree creat_tree(btree root,int val)// 建立二元樹的副程式
40    {
41        btree newnode,current,backup;    // 宣告一個新節點 newnode 存放陣列資料
42        newnode = new node; //current 及 backup 存放暫存指標
43        newnode->data=val;   // 指定新節點的資料及左右指標
44        newnode->left=NULL;
45        newnode->right=NULL;
46        if (root==NULL)// 如果 root 為空值，把新節點傳回當作樹根
47        {
48            root=newnode;
49            return root;
50        }
```

```
51      else // 若 root 不是樹根，則建立二元樹
52      {
53          for(current=root;current!=NULL;) //current 複製 root，以保留目前的樹根值
54          {
55              backup=current; // 保留父節點
56              if(current->data > val)// 比較樹根節點及新節點資料
57                  current=current->left;
58              else
59                  current=current->right;
60          }
61          if(backup->data >val)// 把新節點和樹根連結起來
62              backup->left=newnode;
63          else
64              backup->right=newnode;
65      }
66      return root; // 傳回樹指標
67  }
68  void pre(btree ptr) // 前序走訪
69  {
70      if (ptr != NULL)
71      {
72          cout<<"["<<setw(2)<<ptr->data<<"] ";
73          pre(ptr->left);
74          pre(ptr->right);
75      }
76  }
77  void in(btree ptr) // 中序走訪
78  {
79      if (ptr != NULL)
80      {
81          in(ptr->left);
82          cout<<"["<<setw(2)<<ptr->data<<"] ";
83          in(ptr->right);
84      }
85  }
86  void post(btree ptr)// 後序走訪
87  {
88      if (ptr != NULL)
89      {
90          post(ptr->left);
91          post(ptr->right);
92          cout<<"["<<setw(2)<<ptr->data<<"] ";
93      }
94  }
```

執行結果

```
[原始陣列內容]
[ 7] [ 4] [ 1] [ 5] [16] [ 8] [11] [12] [15] [ 9] [ 2]
[二元樹的內容]
前序走訪結果：
[ 7] [ 4] [ 1] [ 2] [ 5] [16] [ 8] [11] [ 9] [12] [15]
中序走訪結果：
[ 1] [ 2] [ 4] [ 5] [ 7] [ 8] [ 9] [11] [12] [15] [16]
後序走訪結果：
[ 2] [ 1] [ 5] [ 4] [ 9] [15] [12] [11] [ 8] [16] [ 7]

--------------------------------
Process exited after 0.2324 seconds with return value 0
請按任意鍵繼續 . . .
```

9-4 話說二元搜尋樹

我們先來討論如何在所建立的二元樹中搜尋單一節點資料。基本上，二元樹在建立的過程中，是依據左子樹 < 樹根 < 右子樹的原則建立，因此只需從樹根出發比較鍵值，如果比樹根大就往右，否則往左而下，直到相等就可找到打算搜尋的值，如果比到 NULL，無法再前進就代表搜尋不到此值。

二元搜尋樹的 C++ 演算法：

```cpp
btree search(btree ptr,int val)         // 搜尋二元樹某鍵值的函數
{
    while(1)
    {
        if(ptr==NULL)                   // 沒找到就傳回 NULL
            return NULL;
        if(ptr->data==val)              // 節點值等於搜尋值
            return ptr;
        else if(ptr->data > val)        // 節點值大於搜尋值
            ptr=ptr->left;
        else
            ptr=ptr->right;
    }
}
```

範例 **CH09_04.cpp** | 請實作一個二元樹的 **C++** 搜尋程式，首先建立一個二元搜尋樹，並輸入要尋找的值。如果節點中有相等的值，會顯示出搜尋的次數。如果找不到這個值，也會顯示訊息，二元樹的節點資料依序為 **7,4,1,5,13,8,11,12,15,9,2**。

```cpp
01    #include <iostream>
02    #include <iomanip>
03    using namespace std;
04    class tree
05    {
06        public:
07            int data;
08            class tree *left,*right;
09    };
10    typedef class tree node;
11    typedef node *btree;
12
13    btree creat_tree(btree,int);
14    btree pre(btree,int); // 搜尋二元樹副程式
15
16    int main(void)
17    {
18        int data,arr[]={7,4,1,5,13,8,11,12,15,9,2};
19        btree ptr=NULL;
20        cout<<"[ 原始陣列內容 ]"<<endl;
21        for (int i=0;i<11;i++)
22        {
23            ptr=creat_tree(ptr,arr[i]);// 建立二元樹
24            cout<<"["<<setw(2)<<arr[i]<<"] ";
25        }
26        cout<<endl;
27        cout<<" 請輸入搜尋值："<<endl;
28        cin>>data;
29        if((pre(ptr,data)) !=NULL)// 搜尋二元樹
30            cout<<" 你要找的值 ["<<setw(3)<<data<<"] 有找到 !!"<<endl;
31        else
32            cout<<" 您要找的值沒找到 !!"<<endl;
33        return 0;
34    }
35    btree creat_tree(btree root,int val)
36    {
37        btree newnode,current,backup;
38        newnode = new node;
```

```
39          newnode->data=val;
40          newnode->left=NULL;
41          newnode->right=NULL;
42          if(root==NULL)
43          {
44              root=newnode;
45              return root;
46          }
47          else
48          {
49              for(current=root;current!=NULL;)
50              {
51                  backup=current;
52                  if(current->data > val)
53                      current=current->left;
54                  else
55                      current=current->right;
56              }
57              if(backup->data >val)
58                  backup->left=newnode;
59              else
60                  backup->right=newnode;
61          }
62          return root;
63      }
64      btree pre(btree ptr,int val)// 搜尋二元樹副程式
65      {
66          int i=1;// 判斷執行次數的變數
67          while(1)
68          {
69              if(ptr==NULL)  // 沒找到就傳回 NULL
70                  return NULL;
71              if(ptr->data==val)// 節點值等於搜尋值
72              {
73                  cout<<" 共搜尋 "<<setw(3)<<i<<" 次 "<<endl;
74                  return ptr;
75              }
76              else if(ptr->data > val)// 節點值大於搜尋值
77                  ptr=ptr->left;
78              else
79                  ptr=ptr->right;
80              i++;
81          }
82      }
```

🔄 執行結果

```
[原始陣列內容]
[ 7] [ 4] [ 1] [ 5] [13] [ 8] [11] [12] [15] [ 9] [ 2]
請輸入搜尋值：
11
共搜尋   4 次
你要找的值 [ 11] 有找到!!

--------------------------------
Process exited after 1.523 seconds with return value 0
請按任意鍵繼續 . . .
```

以上程式的二元搜尋樹有如下的結構：

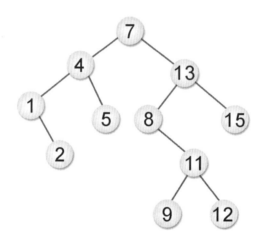

9-5 二元樹節點插入

　　插入節點的情況和搜尋相似，重點是插入後仍要保持二元搜尋樹的特性。如果插入的節點在二元樹中就沒有插入的必要，而搜尋失敗的狀況，就是準備插入的位置。我們可以修改 CH09_04.cpp 程式，只要多加一道 if 判斷式，當搜尋到鍵值時輸出 " 二元樹中有此節點了 !"，如果找不到，再將此節點加到此二元樹中。如下所示：

```
if((search(ptr,data))!=NULL) // 搜尋二元樹
        cout<<" 二元樹中有此節點了 -"<<data<<endl;
else
{
    ptr=creat_tree(ptr,data); // 將此鍵值加入此二元樹
    inorder(ptr);
}
```

範例 **CH09_05.cpp** ┃ 請實作一個二元樹的搜尋 C++ 程式，首先建立一個二元搜尋樹，二元樹的節點資料依序為 **7,1,4,2,8,13,12,11,15,9,5**，請輸入一鍵值，如不在此二元樹中，則將其加入此二元樹。

```
01    #include <iostream>
02    #include <malloc.h>
03    using namespace std;
04
05    struct tree
06    {
07        int data;
08        struct tree *left,*right;
09    };
10
11    typedef struct tree node;
12    typedef node *btree;
13
14    btree creat_tree(btree root,int val)
15    {
16        btree newnode,current,backup;
17        newnode=(btree)malloc(sizeof(node));
18        newnode->data=val;
19        newnode->left=NULL;
20        newnode->right=NULL;
21        if(root==NULL)
22        {
23            root=newnode;
24            return root;
25        }
26        else
27        {
28            for(current=root;current!=NULL;)
```

```
29              {
30                  backup=current;
31                  if(current->data > val)
32                      current=current->left;
33                  else
34                      current=current->right;
35              }
36          if(backup->data >val)
37              backup->left=newnode;
38          else
39              backup->right=newnode;
40      }
41      return root;
42 }
43 btree search(btree ptr,int val)  // 搜尋二元樹副程式
44 {
45      while(1)
46      {
47          if(ptr==NULL)        // 沒找到就傳回 NULL
48              return NULL;
49          if(ptr->data==val)  // 節點值等於搜尋值
50              return ptr;
51          else if(ptr->data > val)   // 節點值大於搜尋值
52              ptr=ptr->left;
53          else
54              ptr=ptr->right;
55      }
56 }
57 void inorder(btree ptr)      // 中序走訪副程式
58 {
59      if(ptr!=NULL)
60      {
61          inorder(ptr->left);
62          cout<<"["<<ptr->data<<"]";
63          inorder(ptr->right);
64      }
65 }
66 int main()
67 {
68      int i,data,arr[]={7,1,4,2,8,13,12,11,15,9,5};
69      btree ptr=NULL;
70      cout<<"[ 原始陣列內容 ]"<<endl;
```

```
71      for (i=0;i<11;i++)
72      {
73          ptr=creat_tree(ptr,arr[i]); // 建立二元樹
74          cout<<"["<<arr[i]<<"] ";
75      }
76      cout<<endl;
77      cout<<" 請輸入搜尋鍵值："<<endl;
78      cin>>data;
79      if((search(ptr,data))!=NULL)        // 搜尋二元樹
80          cout<<" 二元樹中有此節點了！"<<data<<endl;
81      else
82      {
83          ptr=creat_tree(ptr,data);
84          inorder(ptr);
85      }
86      return 0;
87  }
```

執行結果

```
[原始陣列內容]
[7] [1] [4] [2] [8] [13] [12] [11] [15] [9] [5]
請輸入搜尋鍵值：
12
二元樹中有此節點了！12

---------------------------------
Process exited after 2.601 seconds with return value 0
請按任意鍵繼續 . . .
```

9-6 二元樹節點刪除

二元樹節點的刪除則稍微複雜，可分為以下三種狀況：

① 刪除的節點為樹葉：只要將其相連的父節點指向 **NULL** 即可。

② 刪除的節點只有一棵子樹，如下頁右圖刪除節點 **1**，就將其右指標欄放到其父節點的左指標欄：

③ 刪除的節點有兩棵子樹，如右圖刪除節點 4，方式有兩種，雖然結果不同，但都可符合二元樹特性：

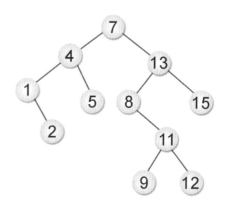

(1) 找出中序立即前行者（Inorder Immediate Predecessor），即是將欲刪除節點的左子樹最大者向上提，在此即為節點 2，簡單來說，就是在該節點的左子樹，往右尋找，直到右指標為 NULL，這個節點就是中序立即前行者。

(2) 找出中序立即後繼者（Inorder Immediate Successor），即是將欲刪除節點的右子樹最小者向上提，在此即為節點 5，簡單來說，就是在該節點的右子樹，往左尋找，直到左指標為 NULL，這個節點就是中序立即後繼者。

範例 接著我們來看一個範例，請將 32、24、57、28、10、43、72、62，依中序方式存入可放 10 個節點之陣列內，試繪圖與說明節點在陣列中相關位置？如果插入資料為 30，試繪圖及寫出其相關動作與位置變化？接著如再刪除的資料為 32，試繪圖及寫出其相關動作與位置變化。

解答

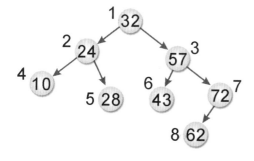

root=1	left	data	right
1	2	32	3
2	4	24	5
3	6	57	7
4	0	10	0
5	0	28	0
6	0	43	0
7	8	72	0
8	0	62	0
9			
10			

插入的資料為 30：

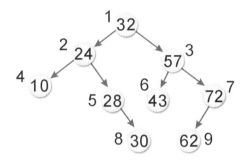

root=1	left	data	right
1	2	32	3
2	4	24	5
3	6	57	7
4	0	10	0
5	0	28	8
6	0	43	0
7	9	72	0
8	0	30	0
9	0	62	0
10			

刪除的資料為 32：

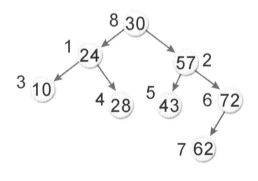

root=8	left	data	right
1	3	24	4
2	5	57	6
3	0	10	0
4	0	28	0
5	0	43	0
6	7	72	0
7	0	62	0
8	1	30	2
9			
10			

9-7 二元運算樹

　　二元樹的應用相當廣泛，例如運算式間的轉換。我們可以把中序運算式依優先權的順序，建成一棵二元運算樹（Binary Expression Tree）。之後再依二元樹的特性進行前、中、後序的走訪，即可得到前中後序運算式。建立的方法可根據以下二種規則：

① 考慮算術式中運算子的結合性與優先權，再適當地加上括號，其中樹葉一定是運算元，內部節點一定是運算子。

② 再由最內層的括號逐步向外，利用運算子當樹根，左邊運算元當左子樹，右邊運算元當右子樹，其中優先權最低的運算子做為此二元運算樹的樹根。

現在我們嘗試來練習將 A-B*(-C+-3.5) 運算式，轉為二元運算樹，並求出此算術式的前序（Prefix）與後序（Postfix）表示法。

→ A-B*(-C+-3.5)

→ (A-(B*((-C)+(-3.5))))

→

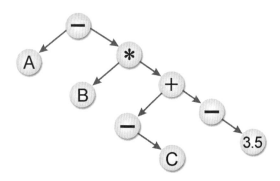

接著將二元運算樹進行前序與後序走訪，即可得此算術式的前序法與後序法，如下所示：

前序表示法：-A*B+-C-3.5

後序表示法：ABC-3.5-+*-

範例 請問以下二元運算樹的中序、後序與前序的表示法為何？

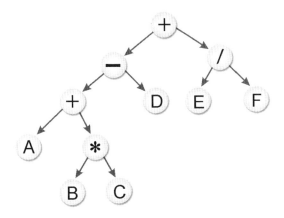

解答 ①中序：A+B*C-D+E/F

②前序：+-+A*BCD/EF

③後序：ABC*+D-E/F+

範例 **CH09_06.cpp** | 請設計一 C++ 程式，並利用鏈結串列來實作二元運算樹的運作。

```
01   #include <iostream>
02   #include <cstdlib>
03   #include <iomanip>
04   using namespace std;
05   class Node// 二元樹的節點宣告
06   {
07       public:
08           int value;// 節點資料
09           class Node *left_Node;// 指向左子樹的指標
10           class Node *right_Node;// 指向左右子樹的指標
11   };
12   typedef class Node TreeNode;// 定義新的二元樹節點資料型態
13   typedef TreeNode *BinaryTree;// 定義新的二元樹鏈結資料型態
14   BinaryTree rootNode;// 二元樹的根節點的指標
15   BinaryTree rootNode2;
16   // 將指定的值加入到二元樹中適當的節點
17   void Add_Node_To_Tree(int value)
18   {
```

```
19          BinaryTree currentNode;
20          BinaryTree newnode;
21          int flag=0;// 用來記錄是否插入新的節點
22          newnode=(BinaryTree) new TreeNode;
23          // 建立節點內容
24          newnode->value=value;
25          newnode->left_Node=NULL;
26          newnode->right_Node=NULL;
27          // 如果為空的二元樹，便將新的節點設定為根節點
28          if(rootNode==NULL)
29              rootNode=newnode;
30          else
31          {
32              currentNode=rootNode;// 指定一個指標指向根節點
33              while(!flag)
34                  if (value<currentNode->value)
35                  { // 在左子樹
36                      if(currentNode->left_Node==NULL)
37                      {
38                          currentNode->left_Node=newnode;
39                          flag=1;
40                      }
41                      else
42                          currentNode=currentNode->left_Node;
43                  }
44                  else
45                  { // 在右子樹
46                      if(currentNode->right_Node==NULL)
47                      {
48                          currentNode->right_Node=newnode;
49                          flag=1;
50                      }
51                      else
52                          currentNode=currentNode->right_Node;
53                  }
54          }
55  }
56  BinaryTree create(char sequence[100],int index,int ArraySize)
57  {
58      BinaryTree tempNode;
59      if ( sequence[index]==0 ||index >= ArraySize )// 作為出口條件
60          return NULL;
61      else
62      {
63          tempNode=(BinaryTree) new TreeNode;
64          tempNode->value=(int)sequence[index];
```

```
65          tempNode->left_Node=NULL;
66          tempNode->right_Node=NULL;
67          // 建立左子樹
68          tempNode->left_Node = create(sequence, 2*index,ArraySize);
69          // 建立右子樹
70          tempNode->right_Node = create(sequence, 2*index+1,ArraySize);
71          return tempNode;
72      }
73  }
74  //preOrder ( 前序走訪 ) 方法的程式內容
75  void preOrder(BinaryTree node)
76  {
77      if ( node != NULL )
78      {
79          cout<<setw(1)<<(char)node->value;
80          preOrder(node->left_Node);
81          preOrder(node->right_Node);
82      }
83  }
84  //inOrder ( 中序走訪 ) 方法的程式內容
85  void inOrder(BinaryTree node)
86  {
87      if ( node != NULL ) {
88          inOrder(node->left_Node);
89          cout<<setw(1)<<(char)node->value;
90          inOrder(node->right_Node);
91      }
92  }
93  //postOrder ( 後序走訪 ) 方法的程式內容
94  void postOrder(BinaryTree node)
95  {
96      if ( node != NULL )
97      {
98          postOrder(node->left_Node);
99          postOrder(node->right_Node);
100         cout<<setw(1)<<(char)node->value;
101     }
102 }
103 // 判斷運算式如何運算的方法宣告內容
104 int condition(char oprator, int num1, int num2)
105 {
106     switch ( oprator ) {
107         case '*': return ( num1 * num2 ); // 乘法請回傳 num1 * num2
108         case '/': return ( num1 / num2 ); // 除法請回傳 num1 / num2
109         case '+': return ( num1 + num2 ); // 加法請回傳 num1 + num2
110         case '-': return ( num1 - num2 ); // 減法請回傳 num1 - num2
```

```
111            case '%': return ( num1 % num2 ); // 取餘數法請回傳 num1 % num2
112        }
113      return -1;
114 }
115 // 傳入根節點，用來計算此二元運算樹的值
116 int answer(BinaryTree node)
117 {
118      int firstnumber = 0;
119      int secondnumber = 0;
120      // 遞迴呼叫的出口條件
121      if ( node->left_Node == NULL && node->right_Node == NULL )
122          // 將節點的值轉換成數值後傳回
123          return node->value-48;
124      else {
125          firstnumber = answer(node->left_Node);// 計算左子樹運算式的值
126          secondnumber = answer(node->right_Node); // 計算右子樹運算式的值
127          return condition((char)node->value, firstnumber, secondnumber);
128      }
129 }
130 int main(void)
131 {
132      // 第一筆運算式
133      char information1[] = {' ','+','*','%','6','3','9','5' };
134      // 第二筆運算式
135      char information2[] = {' ','+','+','+','*','%','/','*',
136                            '1','2','3','2','6','3','2','2' };
137      rootNode=(BinaryTree)new TreeNode;
138      rootNode2=(BinaryTree)new TreeNode;
139      //create 方法可以將二元樹的陣列表示法轉換成鏈結表示法
140      rootNode = create(information1,1,8);
141      cout<<"==== 二元運算樹數值運算範例 1: ===="<<endl;
142      cout<<"================================="<<endl;
143      cout<<"=== 轉換成中序運算式 ===:   ";
144      inOrder(rootNode);
145      cout<<endl<<"=== 轉換成前序運算式 ===:   ";
146      preOrder(rootNode);
147      cout<<endl<<"=== 轉換成後序運算式 ===:   ";
148      postOrder(rootNode);
149      // 計算二元樹運算式的運算結果
150      cout<<endl<<" 此二元運算樹，經過計算後所得到的結果值 : ";
151      cout<<setw(1)<<answer(rootNode);
152      // 建立第二棵二元搜尋樹物件
153      rootNode2 = create(information2,1,16);
154      cout<<endl;
155      cout<<endl;
156      cout<<"==== 二元運算樹數值運算範例 2: ===="<<endl;
```

```
157    cout<<"================================="<<endl;
158    cout<<"=== 轉換成中序運算式 ===:   ";
159    inOrder(rootNode2);
160    cout<<endl<<"=== 轉換成前序運算式 ===:   ";
161    preOrder(rootNode2);
162    cout<<endl<<"=== 轉換成後序運算式 ===:   ";
163    postOrder(rootNode2);
164    // 計算二元樹運算式的運算結果
165    cout<<endl<<" 此二元運算樹，經過計算後所得到的結果值： ";
166    cout<<setw(1)<<answer(rootNode2);
167    cout<<endl;
168    delete rootNode;
169    delete rootNode2;
170    return 0;
171 }
```

🔄 **執行結果**

```
====二元運算樹數值運算範例 1: ====
=================================
===轉換成中序運算式===:   6*3+9%5
===轉換成前序運算式===:   +*63%95
===轉換成後序運算式===:   63*95%+
此二元運算樹,經過計算後所得到的結果值: 22

====二元運算樹數值運算範例 2: ====
=================================
===轉換成中序運算式===:   1*2+3%2/6/3+2*2
===轉換成前序運算式===:   ++*12%32+/63*22
===轉換成後序運算式===:   12*32%63/22*++
此二元運算樹,經過計算後所得到的結果值: 9


----------------------------------
Process exited after 0.2329 seconds with return value 0
請按任意鍵繼續 . . .
```

9-8　二元排序樹

　　二元排序樹是一種很好的排序應用模式，因為在建立二元樹的同時，資料已經經過初步的比較判斷，並依照二元樹的建立規則來存放資料。規則如下：

① 第一個輸入資料當做此二元樹的樹根。

② 之後的資料以遞迴的方式與樹根進行比較，小於樹根置於左子樹，大於樹根置於右子樹。

從上面的規則得知，左子樹內的值一定小於樹根，而右子樹的值一定大於樹根。因此只要利用「中序走訪」方式就可以得到由小到大排序好的資料，如果是想求由大到小排列，可將最後結果置於堆疊內再 POP 出來。

現在我們示範用一組資料 32、25、16、35、27 來建立一棵二元排序樹：

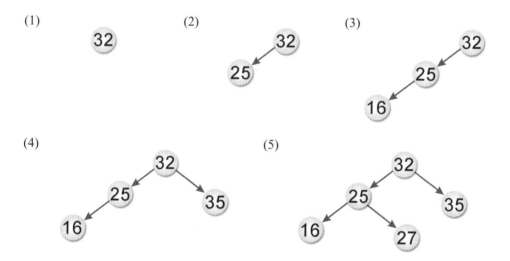

建立完成經由中序走訪後，可得 16、25、27、32、35 由小到大的排列。因為在輸入資料的同時就開始建立二元樹，所以在完成資料輸入，並建立二元排序樹，經由中序走訪，就可以輕鬆完成排序了。

範例 **CH09_07.cpp** ┃ 請設計一 C++ 程式，並來實作二元排序樹的運作。

```cpp
01  #include <iostream>
02  #include <iomanip>
03  using namespace std;
04  class tree
05  {
06      public:
07          int data;
```

```
08          class tree *left,*right;
09   };
10   typedef class tree node;
11   typedef node *btree;
12
13   btree creat_tree(btree,int);
14   void in(btree);
15   int main(void)
16   {
17       int data;
18       btree ptr=NULL;
19       cout<<" 請輸入資料，結束請輸入 -1："<<endl;
20       while (1)
21       {
22           cin>>data; // 輸入資料
23           if(data==-1)// 結束輸入
24               break;
25           ptr=creat_tree(ptr,data);// 建立二元樹
26       }
27       cout<<"=============="<<endl;
28       cout<<" 排序完成結果："<<endl;
29       in(ptr); // 中序走訪
30       cout<<endl;
31       return 0;
32   }
33   btree creat_tree(btree root,int val)// 建立二元樹副程式
34   {
35       btree newnode,current,backup;
36       newnode = new node;
37       newnode->data=val;
38       newnode->left=NULL;
39       newnode->right=NULL;
40       if(root==NULL)
41       {
42           root=newnode;
43           return root;
44       }
45       else
46       {
47           for(current=root;current!=NULL;)
48           {
49               backup=current;
```

```
50              if(current->data > val)
51                  current=current->left;
52              else
53                  current=current->right;
54          }
55          if(backup->data >val)
56              backup->left=newnode;
57          else
58              backup->right=newnode;
59      }
60      return root;
61  }
62  void in(btree ptr)// 中序走訪副程式
63  {
64      if(ptr!=NULL)
65      {
66          in(ptr->left);
67          cout<<"["<<setw(2)<<ptr->data<<"] ";
68          in(ptr->right);
69      }
70  }
```

執行結果

```
請輸入資料，結束請輸入-1：
12
34
46
75
1
8
-1
==============
排序完成結果：
[ 1] [ 8] [12] [34] [46] [75]

------------------------------------
Process exited after 10.15 seconds with return value 0
請按任意鍵繼續 . . . ■
```

9-9 引線二元樹的奧祕

雖然我們把樹化為二元樹可減少空間的浪費由 2/3 降低到 1/2，但若仔細觀察之前我們使用鏈結串列建立的 n 節點二元樹，實際上用來指向左右兩節點的指標只有 n-1 個鏈結，另外的 n+1 個指標都是空鏈結。

所謂「引線二元樹」（Threaded Binary Tree）就是把這些空的鏈結加以利用，再指到樹的其他節點，而這些鏈結就稱為「引線」（Thread），而這棵樹就稱為引線二元樹。至於將二元樹轉換為引線二元樹的步驟如下：

❶ 先將二元樹經由中序走訪方式依序排出，並將所有空鏈結改成引線。

❷ 如果引線鏈結是指向該節點的左鏈結，則將該引線指到中序走訪順序下前一個節點。

❸ 如果引線鏈結是指向該節點的右鏈結，則將該引線指到中序走訪順序下的後一個節點。

❹ 指向一個空節點，並將此空節點的右鏈結指向自己，而空節點的左子樹是此引線二元樹。

引線二元樹的基本結構如下：

LBIT	LCHILD	DATA	RCHILD	RBIT

LBIT：左控制位元

LCHILD：左子樹鏈結

DATA：節點資料

RCHILD：右子樹鏈結

RBIT：右控制位元

　　和鏈結串列所建立的二元樹不同是在於，為了區別正常指標或引線而加入的兩個欄位：LBIT 及 RBIT。

如果 LCHILD 為正常指標，則 LBIT=1
如果 LCHILD 為引線，則 LBIT=0
如果 RCHILD 為正常指標，則 RBIT=1
如果 RCHILD 為引線，則 RBIT=0

　　至於節點的宣告方式如下：

```
class t_tree
{
    public:int DATA,LBIT,RBIT;
    class t_tree* LCHILD,RCHILD;
};
typedef class t_tree node;
type node *tbtree;
```

　　接著練習如何將下圖二元樹轉為引線二元樹：

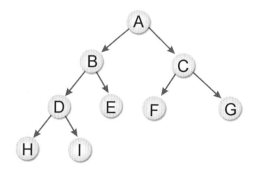

STEP 1 以中序追蹤二元樹：HDIBEAFCG。

STEP 2　找出相對應的引線二元樹，並按照 HDIBEAFCG 順序求得下圖：

表示成鏈結結構

以下為使用引線二元樹的優缺點：

【優點】

① 在二元樹做中序走訪時，不需要使用堆疊處理，但一般二元樹卻需要。

② 由於充份使用空鏈結，所以避免了鏈結閒置浪費的情形。另外中序走訪時的速度也較快，節省不少時間。

③ 任一個節點都容易找出它的中序後繼者與中序前行者，在中序走訪時可以不需使用堆疊或遞迴。

【缺點】

① 在加入或刪除節點時的速度較一般二元樹慢。

② 引線子樹間不能共享。

範例 **CH09_08.cpp** | 試設計一 C++ 程式，利用引線二元樹來追蹤某一節點 X 的中序前行者與中序後繼者。

```
01   #include <iostream>
02   #include <cstdlib>
03   #include <iomanip>
04   using namespace std;
05   class Node {
06       public:
07           int value;
08           int left_Thread;
09           int right_Thread;
10           class Node *left_Node;
11           class Node *right_Node;
12   };
13   typedef class Node ThreadNode;
14   typedef ThreadNode *ThreadBinaryTree;
15   ThreadBinaryTree rootNode;
16   // 將指定的值加入到二元引線樹
17   void Add_Node_To_Tree(int value) {
18       ThreadBinaryTree newnode;
19       ThreadBinaryTree previous;
20       newnode=new ThreadNode;
21       newnode->value=value;
22       newnode->left_Thread=0;
23       newnode->right_Thread=0;
24       newnode->left_Node=NULL;
25       newnode->right_Node=NULL;
26       ThreadBinaryTree current;
27       ThreadBinaryTree parent;
28       previous=new ThreadNode;
29       previous->value=value;
30       previous->left_Thread=0;
31       previous->right_Thread=0;
32       previous->left_Node=NULL;
```

```
33        previous->right_Node=NULL;
34        int pos;
35        // 設定引線二元樹的開頭節點
36        if(rootNode==NULL) {
37            rootNode=newnode;
38            rootNode->left_Node=rootNode;
39            rootNode->right_Node=NULL;
40            rootNode->left_Thread=0;
41            rootNode->right_Thread=1;
42            return;
43        }
44        // 設定開頭節點所指的節點
45        current=rootNode->right_Node;
46        if(current==NULL){
47            rootNode->right_Node=newnode;
48            newnode->left_Node=rootNode;
49            newnode->right_Node=rootNode;
50            return ;
51        }
52        parent=rootNode; // 父節點是開頭節點
53        pos=0; // 設定二元樹中的行進方向
54        while(current!=NULL) {
55            if(current->value>value) {
56                if(pos!=-1) {
57                    pos=-1;
58                    previous=parent;
59                }
60                parent=current;
61                if(current->left_Thread==1)
62                    current=current->left_Node;
63                else
64                    current=NULL;
65            }
66            else {
67                if(pos!=1) {
68                    pos=1;
69                    previous=parent;
70                }
71                parent=current;
72                if(current->right_Thread==1)
73                    current=current->right_Node;
74                else
```

```
75                    current=NULL;
76            }
77        }
78        if(parent->value>value) {
79            parent->left_Thread=1;
80            parent->left_Node=newnode;
81            newnode->left_Node=previous;
82            newnode->right_Node=parent;
83        }
84        else {
85            parent->right_Thread=1;
86            parent->right_Node=newnode;
87            newnode->left_Node=parent;
88            newnode->right_Node=previous;
89        }
90        return ;
91   }
92   // 引線二元樹中序走訪
93   void trace() {
94        ThreadBinaryTree tempNode;
95        tempNode=rootNode;
96        do {
97            if(tempNode->right_Thread==0)
98                tempNode=tempNode->right_Node;
99            else
100           {
101               tempNode=tempNode->right_Node;
102               while(tempNode->left_Thread!=0)
103                   tempNode=tempNode->left_Node;
104           }
105           if(tempNode!=rootNode)
106               cout<<"["<<setw(3)<<tempNode->value<<"]"<<endl;
107       } while(tempNode!=rootNode);
108  }
109  int main(void)
110  {
111      int i=0;
112      int array_size=11;
113      cout<<" 引線二元樹經建立後，以中序追蹤能有排序的效果 "<<endl;
114      cout<<" 第一個數字為引線二元樹的開頭節點，不列入排序 "<<endl;
115      int data1[]={0,10,20,30,100,399,453,43,237,373,655};
116      for(i=0;i<array_size;i++)
```

```
117          Add_Node_To_Tree(data1[i]);
118     cout<<"==================================="<<endl;
119     cout<<" 範例 1 "<<endl;
120     cout<<" 數字由小到大的排序順序結果為： "<<endl;
121     trace();
122     int data2[]={0,101,118,87,12,765,65};
123     rootNode=NULL;// 將引線二元樹的樹根歸零
124     array_size=7;// 第 2 個範例的陣列長度為 7
125     for(i=0;i<array_size;i++)
126          Add_Node_To_Tree(data2[i]);
127     cout<<"==================================="<<endl;
128     cout<<" 範例 2 "<<endl;
129     cout<<" 數字由小到大的排序順序結果為： "<<endl;
130     trace();
131     cout<<endl;
132     return 0;
133 }
```

🔄 執行結果

```
引線二元樹經建立後,以中序追蹤能有排序的效果
第一個數字為引線二元樹的開頭節點,不列入排序
===================================
範例 1
數字由小到大的排序順序結果為:
[ 10]
[ 20]
[ 30]
[ 43]
[100]
[237]
[373]
[399]
[453]
[655]
===================================
範例 2
數字由小到大的排序順序結果為:
[ 12]
[ 65]
[ 87]
[101]
[118]
[765]


-----------------------------------
Process exited after 0.2541 seconds with return value 0
請按任意鍵繼續 . . . ▃
```

9-10 最佳化二元搜尋樹

之前我們說明過，如果一個二元樹符合「每一個節點的資料大於左子節點且小於右子節點」，這棵樹便具有二元搜尋樹的特質。而所謂的最佳化二元搜尋樹，簡單的說，就是在所有可能的二元搜尋樹中，有最小搜尋成本的二元樹。

9-10-1 延伸二元樹

至於什麼叫做最小搜尋成本呢？就讓我們先從延伸二元樹（Extended Binary Tree）談起。任何一個二元樹中，若具有 n 個節點，則有 n-1 個非空鏈結及 n+1 個空鏈結。如果在每一個空鏈結加上一個特定節點，則稱為外節點，其餘的節點稱為內節點，且定義此種樹為「延伸二元樹」，另外定義外徑長＝所有外節點到樹根距離的總和，內徑長＝所有內節點到樹根距離的總和。我們以下列的 (a)(b) 兩圖來說明它們的延伸二元樹繪製：

☐：代表外部節點

外徑長：(2+2+4+4+3+2)=17

內徑長：(1+1+2+3)=7

(b)

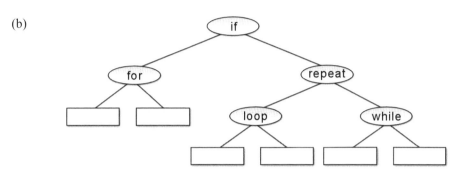

外徑長：(2+2+3+3+3+3)=16

內徑長 (1+1+2+2)=6

　　上面的 (a)、(b) 二圖中，如果每個外部節點有加權值（例如搜尋機率等），則外徑長必須考慮相關加權值，或稱為加權外徑長，以下將討論 (a)、(b) 的加權外徑長：

■　對 (a) 來說：2×3+4×3+5×2+15×1=43

■　對 (b) 來說：2×2+4×2+5×2+15×2=52

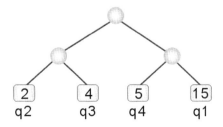

9-10-2 霍夫曼樹

霍夫曼樹（Huffman Tree）經常用於處理資料壓縮與編碼的問題，由美國麻省理工學院的電腦科學家 David Huffman 在 1952 年提出，可以根據資料出現的頻率來建構的二元樹。例如資料的儲存和傳輸是資料處理的二個重要領域，兩者皆和資料量的大小息息相關，霍夫曼編碼首先會使用字元出現的頻率建立一棵樹，通常用於壓縮重複率比較高的字元資料，而霍夫曼樹是很適合用來進行資料壓縮的演算法。

我們知道兩個節點的路徑長度是從一個節點到另一個節點所經過的「邊」數量，樹的每一個節點，都可以擁有自己的「權重」（Weight），權重在不同的演算法當中可以起到不同的作用，如果現在有 n 個權值 $(q_1,q_2...q_n)$，且構成一個有 n 個節點的二元樹，每個節點外部節點權值為 q_i，則加權徑長度最小的就稱為「最佳化二元樹」或「霍夫曼樹」。對上一小節中的 (a)、(b) 二元樹而言，(a) 就是二者的最佳化二元樹。接下來我們將說明，對一含權值的串列，該如何求其最佳化二元樹，步驟如下：

❶ 產生兩個節點，對資料中出現過的每一元素各自產生一樹葉節點，並賦予樹葉節點該元素之出現頻率。

❷ 令 N 為 T_1 和 T_2 的父親節點，T_1 和 T_2 是 T 中出現頻率最低的兩個節點，令 N 節點的出現頻率等於 T_1 和 T_2 的出頻率總和。

❸ 消去步驟的兩個節點，插入 N，再重複步驟 1。

我們將利用以上的步驟來實作求取霍夫曼樹的過程，假設現在有五個字母 BDACE 的頻率分別為 0.09、0.12、0.19、0.21 和 0.39，請說明霍夫曼樹建構之過程：

STEP ❶ 取出最小的 0.09 和 0.12，合併成另一棵新的二元樹，其根節點的頻率為 0.21。

STEP 2 再取出 0.19 和 0.21 合併後，得到 0.40 的新二元樹。

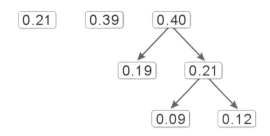

STEP 3 再出 0.21 和 0.39 的節點，產生頻率為 0.6 的新節點。

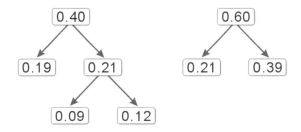

STEP 4 最後取出 0.40 和 0.60 的節點，合併成頻率為 1.0 的節點，至此二元樹即完成。

9-11 平衡樹

　　由於二元搜尋樹的缺點是無法永遠保持在最佳狀態。當加入之資料部分已排序的情況下，極有可能產生歪斜樹，因而使樹的高度增加，導致搜尋效率降低。所以二元搜尋樹較不利於資料的經常變動（加入或刪除）。為了能夠盡量降低搜尋所需要的時間，讓我們在搜尋的時候能夠很快找到所要的鍵值，我們必須讓樹的高度越小越好。

　　所謂平衡樹（Balanced Binary Tree），又稱 AVL 樹（是由 Adelson-Velskii 和 Landis 兩人所發明的），本身也是一棵二元搜尋樹，在 AVL 樹中，每次在插入資料和刪除資料後，必要時會對二元樹作一些高度的調整動作，而這些調整動作就是要讓二元搜尋樹的高度隨時維持平衡。T 是一個非空的二元樹，T_l 及 T_r 分別是它的左右子樹，若符合下列兩條件，則稱 T 是個高度平衡樹：

① T_l 及 T_r 也是高度平衡樹。

② $|h_l-h_r|\le1$，h_l 及 h_r 分別為 T_l 與 T_r 的高度，也就是所有內部節點的左右子樹高度相差必定小於或等於 1。

如下圖所示：

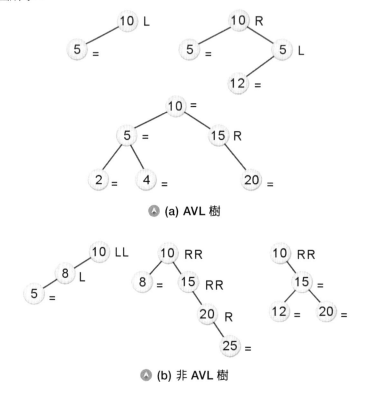

▲ (a) AVL 樹

▲ (b) 非 AVL 樹

至於如何調整二元搜尋樹成為平衡樹，最重要是找出「不平衡點」，再依照以下四種不同旋轉型式，重新調整其左右子樹的長度。首先，令新插入的節點為 N，且其最近的一個具有 ±2 的平衡因子節點為 A，下一層為 B，再下一層 C，分述如下：

◎ **LL 型**

◎ **LR 型**

◎ **RR 型**

◎ **RL 型**

現在我們來實作一個範例，下圖的二元樹原是平衡的，加入節點 12 後變為不平衡，請重新調整成平衡樹，但不可破壞原有的次序結構：

調整結果如下：

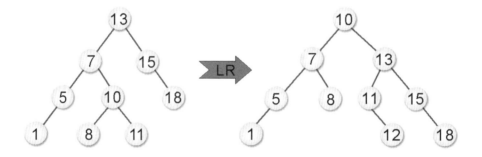

<h1>9-12 進階樹狀結構的應用</h1>

除了以上我們跟大家所介紹的樹狀結構相關內容之外，還有許多樹狀結構的變形與衍生模式，不過這部分內容有些過於深奧，任課老師可以自行斟酌是否教授學生，以下我們將簡單介紹決策樹、B 樹、二元空間分割樹（BSP）、四元樹與八元樹等四種進階樹狀結構的相關內容。

9-12-1 決策樹

我們也常把決策樹（Decision Tree）稱為「遊戲樹」，這是因為遊戲中的 AI 經常以決策樹資料結構來實作的緣故。對資料結構而言，決策樹本身是人工智慧（AI）中一個重要理念，建立的目的是用來輔助決策，是一種特殊的樹結構，例如解決分類和迴歸問題。簡單來說，決策樹是一種利用樹狀結構的方法，來討論一個問題於各種情況分佈的可能性。例如最典型的「8 枚金幣」問題來闡釋決策樹的觀念，內容是假設有 8 枚金幣 a、b、c、d、e、f、g、h 且其中有一枚是偽造的，偽造金幣的特徵為重量稍輕或偏重。請問如何使用決策樹方法，找出這枚偽造的錢幣；如果是以 L 表示輕於真品，H 表示重於真品。第一次比較從 8 枚中任挑 6 枚 a、b、c、d、e、f 分 2 組來比較重量，則會有下列三種情形產生：

```
(a+b+c)>(d+e+f)
(a+b+c)=(d+e+f)
(a+b+c)<(d+e+f)
```

我們可以依照以上的步驟，畫出以下決策樹的圖形：

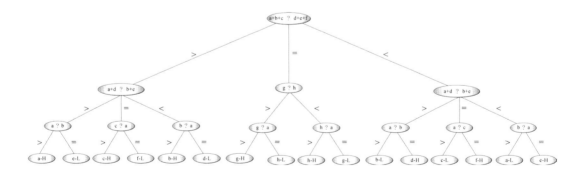

例如要設計「棋類」或是「紙牌類」遊戲時，所採用的概念在於實現遊戲作決策的能力，簡單的說，該下哪一步棋或者該出哪一張牌，因為通常可能的狀況有很多，例如象棋遊戲的人工智慧就必須在所有可能的情況中選擇一步對自己最有利的棋，想想看如果開發此類的遊戲，您會怎麼作？這時決策樹就可派上用場。

通常此類遊戲的 AI 實現技巧為先找出所有可走的棋（或可出的牌），然後逐一判斷如果走這步棋（或出這張牌）的優劣程度如何，或者說是替這步棋打個分數，然後選擇走得分最高的那步棋。

一個最常被用來討論決策型 AI 的簡單例子是「井字遊戲」，因為它的可能狀況不多，也許您只要花個十分鐘便能分析完所有可能的狀況，並且找出最佳的玩法，例如右圖可表示某個狀況下的 O 方的可能決策樹。

右圖是井字遊戲的某個決策區域，下一步是 X 方下棋，很明顯的 X 方絕對不能選擇第二層的第二個下法，因為 X 方必敗無疑，而您也看出來這個決策形成樹狀結構，所以也稱之為「決策樹」，而樹狀結構正是資料結構所討論的範圍，這也說明了資料結構正是人工智慧的基礎，而決策樹人工智慧的基礎則是搜尋，在所有可能的狀況下，搜尋可能獲勝的方法。

9-12-2 B 樹

B 樹（B Tree）是一種高度大於等於 1 的 m 階搜尋樹，也是一種平衡樹（AVL 樹）概念的延伸，不過 B 樹與 AVL 樹不同，可以擁有 2 個以上的子節點，並且每個節點可以有多個鍵值，B 樹是由 Bayer 和 McCreight 兩位專家所提出，通常適用於讀寫相對較大的資料庫和檔案儲存系統。在還沒開始談 B 樹的主要特徵之前，我們先來複習之前所介紹二元搜尋樹概念。

一般說來，二元搜尋樹是一棵二元樹，在這棵二元樹上的節點均包含一個鍵值資料及分別指向左子樹及右子樹的鏈結欄，同時，樹根的鍵值恆大於左子樹的所有鍵值。並小於或等於右子樹的所有鍵值。另外，其左右子樹也是一棵二元搜尋樹。

而這種包含鍵值並指向兩棵子樹的節點，稱為 2 階節點。也就是說，2 階節點的節點分支度皆 ≤2。以這樣的概念，我們延伸至所謂的 3 階節點，它包括了以下幾個特點：

① 每一個 3 階節點存放的鍵值最多為 2 個，假設其鍵值分別為 k_1 及 k_2，則 $k_1 < k_2$。

② 每一個 3 階節點分支度均小於等於 3。

③ 每一個 3 階節點的鏈結欄有 3 個 $P_{0,1}$、$P_{1,2}$、$P_{2,3}$，這三個鏈結欄分別指向 T_1、T_2、T_3 三棵子樹。

④ T_1 子樹的所有節點鍵值均小於 k_1。

⑤ T_2 子樹的所有節點鍵值均大於等於 k_1 且小於 k_2。

⑥ T_3 子樹的所有節點鍵值均大於等於 k_2。

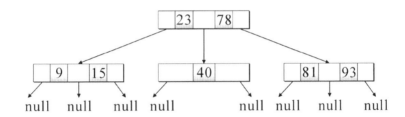

上圖就是一棵 3 階節點所建立形成的 3 階搜尋樹，當鏈結指標欄指向 null，表示該鏈結欄並沒有指向任何子樹，3 階搜尋樹也就是 3 階的 B 樹，或稱 2-3 樹，表示每個節點可以有 2 或 3 個子節點，而且左右子樹高度一定相同，所有葉節點皆在同一層（Level），並且可以放 1 或 2 個元素，但不是二元樹，因為最多可以擁有三個子節點。

以上面所列的 3 階 B 樹特點，我們將其擴大到 m 階搜尋樹，就可以知道 m 階搜尋樹包含以下的主要特徵：

① 每一個 m 階節點存放的鍵值最多為 m-1 個，假設其鍵值分別為 k_1、k_2、k_3、k_4...k_{m-1}，則 $k_1 < k_2 < k_3 < k_4 ... < k_{m-1}$。

② 每一個 m 階節點分支度均小於等於 m。

③ 每一個 m 階節點的鏈結欄的 m 個 $P_{0,1}$、$P_{1,2}$、$P_{2,3}$、$P_{3,4}...P_{m-1,m}$，這些 m 個鏈結欄分別指向 T_1、T_2、$T_3...T_m$ 等 m 棵子樹。

④ T_1 子樹的所有節點鍵值均小於 k_1。

⑤ T_2 子樹的所有節點鍵值均大於等於 k_1 且小於 k_2。

⑥ T_3 子樹的所有節點鍵值均大於等於 k_2 且小於 k_3。

⑦ 以此類推，T_m 子樹的所有節點鍵值均大於等於 k_{m-1}。

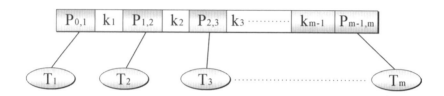

其中 T_1、T_2、$T_3...T_m$ 都是 m 階搜尋樹，在這些子樹中的每一個節點都是 m 階節點，且其每一個節點的分支度都小於等於 m。

有了以上的了解，接著就來談談 B 樹的幾個重要的概念。其實 B 樹是一棵平衡的 m 階搜尋樹，描述一顆 B 樹時需要指定階數，階數表示了一個節點最多有多少個子節點，例如 B 樹中一個節點的子節點數目的最大值，用 m 表示，假如最大值為 5，則為 5 階，根節點數量範圍：$1 \leq k \leq 4$，非根節點數量範圍：$2 \leq k \leq 4$，每個節點至少有 2 個鍵（3-1=2），最多有 4 個鍵，且高度大於等於 1，主要的特點包括有：

① B 樹上每一個節點都是 m 階節點。

② 每一個 m 階節點存放的鍵值最多為 m-1 個。

③ 每一個 m 階節點分支度均小於等於 m。

④ 除非是空樹，否則樹根節點至少必須有兩個以上的子節點。

⑤ 除了樹根及樹葉節點外，每一個節點最多不超過 m 個子節點，而且至少包含 ⌈m/2⌉ 個子節點。

⑥ 每個樹葉節點到樹根節點所經過的路徑長度皆一致，也就是說，所有的樹葉節點都必須在同一層（Level）。

⑦　當要增加樹的高度時，處理的作法就是將該樹根節點一分為二。

⑧　B 樹中每一個內部節點會包含一定數量的鍵，鍵將節點的子樹分開，B 樹的階為最大子節點數量，且比鍵的數量大 1，其鍵值分別為 k_1、k_2、k_3、$k_4...k_{m-1}$，則 $k_1<k_2<k_3<k_4...<k_{m-1}$。

⑨　B 樹的節點表示法為 $P_{0,1}$，k_1，$P_{1,2}$，$k_2...P_{m-2,m-1}$，k_{m-1}，$P_{m-1,m}$。

其節點結構圖如下所示：

$P_{0,1}$	k_1	$P_{1,2}$	k_2	$P_{2,3}$	k_3	⋯⋯⋯⋯	k_{m-1}	$P_{m-1,m}$

其中 $k_1<k_2<k_3...<k_{m-1}$

❶　$P_{0,1}$ 指標所指向的子樹 T_1 中的所有鍵值均小於 k_1。

❷　$P_{1,2}$ 指標所指向的子樹 T_2 中的所有鍵值均大於等於 k_1 且小於 k_2。

❸　以此類推，$P_{m-1,m}$ 指標所指向的子樹 T_m 中所有鍵值均大於等於 k_{m-1}。

例如根據 m 階搜尋樹的定義，我們知道 4 階搜尋樹的每一個節點分支度 ≤4，又由於 B 樹的特點中提到：除非是空樹，否則樹根節點至少必須有兩個以上的子節點。由此可以推論，4 階的 B 樹結構的每一個節點分支度可能為 2、3 或 4，因此，4 階 B 樹又稱 2-3-4 樹，其中當一個節點有 1 個元素，則會有 2 個子節點，當一個節點有 2 個元素，則會有 3 個子節點，依此類推，最多可以擁有 4 棵子樹。如下圖所示：

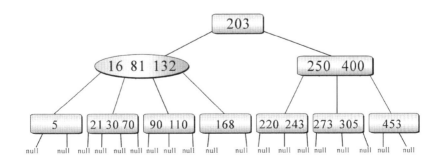

9-12-3　二元空間分割樹（BSP）

二元空間分割樹（Binary Space Partitioning Tree, BSP Tree）也是一種二元樹，每個節點有兩個子節點，是一種應用在遊戲空間分割的方法，以建立一種模型分佈的關聯，來做為搜尋模型的依據，通常被使用在平面的繪圖應用，試圖將所有的平面組織成一棵二元樹。因為在遊戲中進行畫面繪製時，會將輸入的資料顯示在螢幕上，即便我們輸入的模型資料不會出現在螢幕上，但是這些資料經過運算仍會耗費部分資源，這時 BSP 就能大量減少 3D 加速卡的運算資源。

由於物件與物件之間有位置上的相聯性，所以每一次當平面要重繪的時候，就必須要考慮到平面上的各個物件位置之關係，然後再加以重繪。BSP Tree 採取的方法就是在一開始將資料檔讀進來的時候，就將整個資料檔中的數據先建成一個二元樹的資料結構，因為 BSP 通常對圖素排序是預先計算好的而不是在運行時進行計算。如右圖所示：

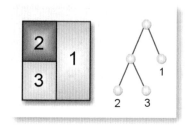

二元樹節點裡面的資料結構是以平面來分割場景，多半應用在開放式空間。場景中會有許多物體，並以每個物體的每個多邊形當成一個平面，其代表的平面將當前空間劃分為前向和背向兩個子空間，也就是每個平面會有正反兩個面，就可把場景分兩部分，先從第一個平面開始分，再從這分出的兩部分中各別再以同樣方式細分，這兩個部分又分別被另外的平面分割成更小的空間，分別對應左右子節點，如果空間有許多物件，可以遞迴繼續將空間一分為二，最後所有平面形狀都被用於構造節點，組成了一棵 BSP 樹。

所以當遊戲地形資料被讀進來的時候，這個樹的葉節點保存了分割室內空間所得到的像素集合，BSP Tree 也會同時被建立了，無論是由遠到近或由近到遠的順序，不過只會建立一次而已。當視點開始移動時，平面景象就必須重新繪製，而重繪的方法就是以視點為中心，對此 BSP Tree 加以分析，只要在 BSP Tree 中，且位於此視點前方的話，它就會被存放在一個串列當中，最後只要依照串列的順序一個一個將它們繪製在平面上就可以了，BSP 樹構造的平均時間複雜度為 O(N²)。

在遊戲設計中，空間劃分往往是非常重要的技術，BSP 通常是用來處理遊戲中室內場景模型的分割，例如第一人稱射擊遊戲（FPS）的迷宮地圖中最先大量使用這種空間分割技巧，可以將物體對象針對觀察者位置快速的從前至後進行排序，不只可用來加速位於視錐（Viewing Frustum）中物體的搜尋與裁剪（View Frustum Culling），也可以加速場景中各種碰撞偵測的處理，自從 90 年代初 BSP 樹就已經被用於遊戲行業來改善執行效能，例如雷神之鎚引擎或毀滅戰士系列就是用這種方式開發，也使 BSP 技術成為室內渲染技術的工業標準。不過要提醒各位 BSP 最好還要經過轉換成平衡樹（左右兩邊的深度相差小於等於 1）的過程，才可以減少搜尋所花的時間。

TIPS 視錐可看成是場景中的一個三維空間，這個空間決定了模型將如何投影到螢幕上。如下圖所示：

9-12-4　四元樹 / 八元樹

二元樹的作法主要是可以幫助資料分類，當然更多的分枝自然有更好的分類能力，如四元樹與八元樹，當然這也是屬於 BSP 觀念的延伸。可以用來加速計算遊戲世界畫面中的可見區域與圖像處理技術有關的數據壓縮，具有比較高的空間資料插入和查詢效率。當各位要製作遊戲中起伏不定、一望無際的地形時，如果依次從構成地形的模型三角面尋找，往往會耗費許多執行時間，通常會有更精簡有效的方式來儲存地形，例如四元樹（Quadtree）類似一般的二元樹，經常應用於二維空間資料的分析與分類，就是樹的每個節點擁有四個子節點，而不是 2 個，目的是將地理空間遞迴劃分為不同層次的樹結構。再將已知範圍的空間等分成四個相等的子空間，在檢查的時候就可以鎖定部分區域的物體，從而增加效率。多遊戲場景的地面（Terrain）就是以四元樹來做地形劃分，以遞迴的方式，將地圖分裂成很多塊，每個大區塊可能又被分裂成若干的小區塊，軸心一致的將地形依四個象限分成四個子區域，每個區塊都有節點容量，越分越細，資料放在樹葉，如此遞迴下去，直到樹的層次達到某種要求後停止分割。當節點達到最大容量時，節點就進行分裂也就是四元樹來源於將正方形區域分成較小正方形的原理。當沿着四元樹向下移動時，每個正方形被分成四個較小的正方形。如下所示：

 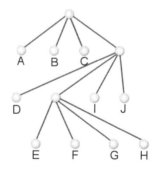

許多遊戲都會需要碰撞檢測來判斷兩物體的碰撞，演算法如果無法有效率的選擇檢測目標，很可能會大幅降低執行的速度，這時四元樹在 2D 平面與碰撞偵測相當有用，特別是在單一層的廣大地面場景。以下的圖形是可能對應的 3D 地形，分割的方式是以地形面的斜率（利用平面法向量來比較）來做依據：

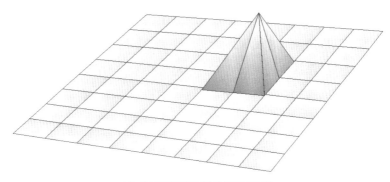

🔺 地形與四元樹的對應關係

　　至於八元樹（Octree）的定義就是如果不為空樹的話，樹中任一節點都正好有八個子節點，也就是子節點不會有 0 與 8 以外的數目，八個子節點則將這個空間將其遞迴細分為八個象限或區域。讀者可把它的應用看做是雙層的四元樹（Quadtree），也就是四元樹在 3D 空間中的對應，通常用在 3D 空間中的場景管理與分割，用於加速空間查詢，多半適用在密閉或有限的空間，可以很快計算出物體在 3D 場景中的位置、光線追蹤（Ray Tracing）過濾、感知檢測、加速射線投射（Ray Casting），或偵測與其他物體是否有碰撞的情況，並將空間作階層式的分割，形成一棵八元樹。

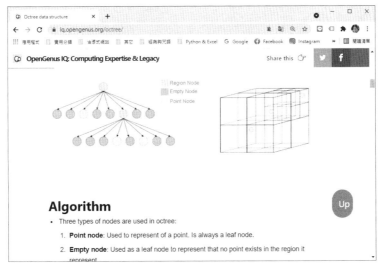

🔺 八元樹（Octree）示意圖

圖片來源：https://iq.opengenus.org/octree/

　　這種以線性八元樹表示三度空間的物體，在 3D 圖形、3D 遊戲引擎等領域有很多應用。例如使用 BSP 來切割的話，會有太多細小的碎片。當在分割的過程中，假如有一子空間中的物體數小於某個值，則不再分割下去。也就是說，八元樹的處理規則也是利用遞迴結構的方式來進行，在每個細分的層次上有著同樣規則的屬性，可以把一個立方體分割為八個小立方體，然後遞迴地分割小立方體。因此在每個層次上我們可以利用同樣的編列順序，以獲得整個結構元素由後到前的順序依據，能有效避免太過細碎的空間分割。

想一想，怎麼做？

1. 請說明二元搜尋樹的特點。

2. 下列哪一種不是樹（Tree）？ (A) 一個節點 (B) 環狀串列 (C) 一個沒有迴路的連通圖（Connected Graph）(D) 一個邊數比點數少 1 的連通圖。

3. 關於二元搜尋樹的敘述，何者為非？

    (A) 二元搜尋樹是一棵完整二元樹

    (B) 可以是歪斜樹

    (C) 一節點最多只有兩個子節點

    (D) 一節點的左子節點的鍵值不會大於右節點的鍵值

4. 請問以下二元樹的中序、後序以及前序表示法為何？

5. 試以鏈結串列描述代表以下樹狀結構的資料結構。

(A)

(B)

(C)

6. 請問以下運算二元樹的中序、後序與前序表示法為何？

7. 請嘗試將 A-B*(-C+-3.5) 運算式，轉為二元運算樹，並求出此算術式的前序與後序表示法。

10 圖形演算法的祕密

- ▷ 圖形簡介
- ▷ 圖形的資料表示法
- ▷ 圖形的走訪
- ▷ 擴張樹的奧祕
- ▷ 圖形最短路徑法

　　圖形除了被活用在演算法領域中最短路徑搜尋、拓樸排序外，還能應用在系統分析中以時間為評核標準的計畫評核術（Program Evaluation Review Technique, PERT），或者像一般生活中的「IC 板設計」、「交通網路規劃」等，也都可以看做是圖形的應用。而例如兩點之間的距離，如何計算兩節點之間最短距離的問題，就變成圖形要處理的問題，也就是網路的定義，以 Dijkstra's 這種圖形演算法就能快速尋找出兩個節點之間的最短路徑，如果沒有 Dijkstra's 演算法，現代網路的運作效率必將大大降低。

▲ 捷運路線的規劃也是圖形的應用

10-1 圖形簡介

　　圖形是由「頂點」和「邊」所組成的集合，通常用 G=(V,E) 來表示，其中 V 是所有頂點所成的集合，而 E 代表所有邊所成的集合。圖形的種類有兩種：無向圖形與有向圖形，無向圖形以 (V_1,V_2) 表示，有向圖形則以 $<V_1,V_2>$ 表示其邊線。

10-1-1 無向圖形

　　無向圖形（Graph）是一種具備同邊的兩個頂點沒有次序關係，例如 (A,B) 與 (B,A) 是代表相同的邊。如右圖所示：

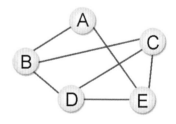

```
V={A,B,C,D,E}
E={(A,B),(A,E),(B,C),(B,D),(C,D),(C,E),(D,E)}
```

接下來是無向圖形的相關定義介紹：

- **完整圖形**：在「無向圖形」中，N 個頂點正好有 N(N-1)/2 條邊，則稱為「完整圖形」。如右圖所示。

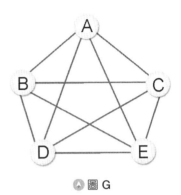

△ 圖 G

- **路徑（Path）**：對於從頂點 V_i 到頂點 V_j 的一條路徑，是指由所經過頂點所成的連續數列，如圖 G 中，A 到 E 的路徑有 {(A,B)、(B, E)} 及 {((A,B)、(B,C)、(C,D)、(D,E)) 等等。

- **簡單路徑（Simple Path）**：除了起點和終點可能相同外，其他經過的頂點都不同，在圖 G 中，(A,B)、(B,C)、(C,A)、(A,E) 不是一條簡單路徑。

- **路徑長度（Path Length）**：是指路徑上所包含邊的數目，在圖 G 中，(A,B)，(B,C)，(C,D)，(D,E)，是一條路徑，其長度為 4，且為一簡單路徑。

- **循環（Cycle）**：起始頂點及終止頂點為同一個點的簡單路徑稱為循環。如上圖 G，{(A,B)，(B,D)，(D,E)，(E,C)，(C,A)} 起點及終點都是 A，所以是一個循環。

- **依附（Incident）**：如果 V_i 與 V_j 相鄰，我們則稱 (V_i,V_j) 這個邊依附於頂點 V_i 及頂點 V_j，或者依附於頂點 B 的邊有 (A,B)、(B,D)、(B,E)、(B,C)。

- **子圖（Subgraph）**：當我們稱 G' 為 G 的子圖時，必定存在 V(G')⊆V(G) 與 E(G')⊆E(G)，如右圖是上圖 G 的子圖。

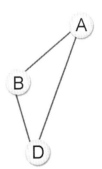

- **相鄰（Adjacent）**：如果 (V_i,V_j) 是 E(G) 中的一邊，則稱 V_i 與 V_j 相鄰。

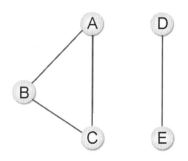

- **相連單元（Connected Component）**：在無向圖形中，相連在一起的最大子圖（Subgraph），如右圖有 2 個相連單元。

- **分支度**：在無向圖形中，一個頂點所擁有邊的總數為分支度。如上頁圖 G，頂點 1 的分支度為 4。

10-1-2 有向圖形

有向圖形（Digraph）是每一個邊都可使用有序對 $<V_1,V_2>$ 來表示，並且 $<V_1,V_2>$ 與 $<V_2,V_1>$ 是表示兩個方向不同的邊，而所謂 $<V_1,V_2>$，是指 V_1 為尾端指向為頭部的 V_2，如右圖所示。

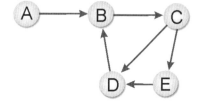

```
V={A,B,C,D,E}
E={<A,B>,<B,C>,<C,D>,<C,E>,<E,D>,<D,B>}
```

接下來是有向圖形的重要術語介紹：

- **完整圖形（Complete Graph）**：具有 n 個頂點且恰好有 n*(n-1) 個邊的有向圖形，如右圖所示。

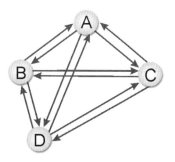

- **路徑（Path）**：有向圖形中從頂點 V_p 到頂點 V_q 的路徑是指一串由頂點所組成的連續有向序列。

- **強連接（Strongly Connected）**：指有向圖形中，如果每個相異的成對頂點 V_i,V_j 有直接路徑，同時，有另一條路徑從 V_j 到 V_i，則稱此圖為強連接。如右圖。

■ **強連接單元（Strongly Connected Component）**：有向圖形中構成強連接的最大子圖，在下圖 (a) 中是強連接，但 (b) 就不是。

(A)

(B)

而圖 (b) 中的強連接單元如下：

■ **出分支度（Out-degree）**：是指有向圖形中，以頂點 V 為箭尾的邊數目。

■ **入分支度（In-degree）**：是指有向圖形中，以頂點 V 為箭頭的邊數目，如右圖中 V_4 的入分支度為 1，出分支度為 0，V_2 的入分支度為 4，出分支度為 1。

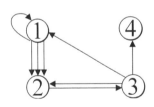

TIPS　所謂複線圖（Multigraph）係指圖形中任意兩頂點只能有一條邊，如果兩頂點間相同的邊有 2 條以上（含 2 條），則稱它為複線圖。以圖形嚴格的定義來說，複線圖應該不能稱為一種圖形。請看右圖：

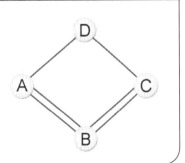

10-2 圖形的資料表示法

知道圖形的各種定義與觀念後，有關圖形的資料表示法就益顯重要了。常用來表達圖形資料結構的方法很多，本節將介紹四種表示法。

10-2-1 相鄰矩陣法

圖形 A 有 n 個頂點，以 n*n 的二維矩陣列表示。此矩陣的定義如下：

> 對於一個圖形 G=(V,E)，假設有 n 個頂點，n≥1，則可以將 n 個頂點的圖形，利用一個 n*n 二維矩陣來表示，其中假如 A(i,j)=1，則表示圖形中有一條邊 (V_i, V_j) 存在。反之，A(i,j)=0，則沒有一條邊 (V_i, V_j) 存在。

相關特性說明如下：

① 對無向圖形而言，相鄰矩陣一定是對稱的，而且對角線一定為 0。有向圖形則不一定是如此。

② 在無向圖形中，任一節點 i 的分支度為 $\sum_{j=1}^{n} A(i,j)$，就是第 i 列所有元素的和。在有向圖形中，節點 i 的出分支度為 $\sum_{j=1}^{n} A(i,j)$，就是第 i 列所有元素的和，而入分支度為 $\sum_{i=1}^{n} A(i,j)$，就是第 j 行所有元素的和。

③ 用相鄰矩陣法表示圖形共需要 n^2 空間，由於無向圖形的相鄰矩陣一定是具有對稱關係，所以扣除對角線全部為零外，僅需儲存上三角形或下三角形的資料即可，因此僅需 n(n-1)/2 空間。

實際來看一個範例，請以相鄰矩陣來表示如右邊的無向圖形：

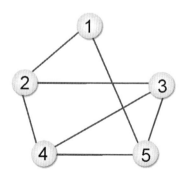

由於上圖共有 5 個頂點，故使用 5*5 的二維陣列存放圖形。在上圖中，先找和①相鄰的頂點有哪些，把和①相鄰的頂點座標填入 1。

跟頂點 1 相鄰的有頂點 2 及頂點 5，故完成右表：

	1	2	3	4	5
1	0	1	0	0	1
2	1	0			
3	0		0		
4	0			0	
5	1				0

其他頂點依此類推可以得到相鄰矩陣：

	1	2	3	4	5
1	0	1	0	0	1
2	1	0	1	1	0
3	0	1	0	1	1
4	0	1	1	0	1
5	1	0	1	1	0

而對於有向圖形，則不一定是對稱矩陣。其中節點 i 的出分支度為 $\sum_{j=1}^{n} A(i,j)$，就是第 i 列所有元素 1 的和，而入分支度為 $\sum_{i=1}^{n} A(i,j)$，就是第 j 行所有元素 1 的和。例如下列有向圖形的相鄰矩陣法：

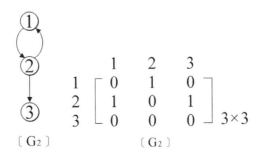

〔G₂〕　　　　　　　〔G₂〕

範例 CH010_01.cpp │ 請設計一 C++ 程式來輸出圖形的相鄰矩陣。

```cpp
01    #include <iostream>
02    using namespace std;
03    int main(void)
04    {
05        int arr[6][6];// 宣告矩陣 arr
06        int data[14][2]={{1,2},{2,1},{1,5},{5,1},  // 圖形各邊的起點值及終點值
07                         {2,3},{3,2},{2,4},{4,2},
08                         {3,4},{4,3},{3,5},{5,3},
09                         {4,5},{5,4}};
10        for (int i=0;i<6;i++)// 把矩陣清為 0
11            for (int j=0;j<6;j++)
12                arr[i][j]=0;
13        for (int i=0;i<14;i++)// 讀取圖形資料
14            for (int j=0;j<6;j++)// 填入 arr 矩陣
15                for (int k=0;k<6;k++)
16                {
17                    int tmpi, tmpj;
18                    tmpi=data[i][0];//tmpi 為起始頂點
20                    tmpj=data[i][1];//tmpj 為終止頂點
21                    arr[tmpi][tmpj]=1;// 有邊的點填入 1
22                }
23        cout<<" 無向圖形矩陣："<<endl;
24        for (int i=1;i<6;i++)
25        {
26            for (int j=1;j<6;j++)
27            cout<<"["<<arr[i][j]<<"] ";   // 列印矩陣內容
28            cout<<endl;
29        }
30    }
```

執行結果

```
無向圖形矩陣：
[0] [1] [0] [0] [1]
[1] [0] [1] [1] [0]
[0] [1] [0] [1] [1]
[0] [1] [1] [0] [1]
[1] [0] [1] [1] [0]

--------------------------------
Process exited after 0.08687 seconds with return value 0
請按任意鍵繼續 . . .
```

10-2-2　相鄰串列法

前面所介紹的相鄰矩陣法，優點是藉著矩陣的運算，可以求取許多特別的應用，如要在圖形中加入新邊時，這個表示法的插入與刪除相當簡易。不過考慮到稀疏矩陣空間浪費的問題，如要計算所有頂點的分支度時，其時間複雜度為 $O(n^2)$。

因此可以考慮更有效的方法，就是相鄰串列法（Adjacency List）。這種表示法就是將一個 n 列的相鄰矩陣，表示成 n 個鏈結串列，這種作法和相鄰矩陣相比較節省空間，如計算所有頂點的分支度時，其時間複雜度為 $O(n+e)$，缺點是圖形新邊的加入或刪除會更動到相關的串列鏈結，較為麻煩費時。

首先將圖形的 n 個頂點形成 n 個串列首，每個串列中的節點表示它們和首節點之間有邊相連。在無向圖形中，因為對稱的關係，若有 n 個頂點、m 個邊，則形成 n 個串列首，2m 個節點。若是有向圖形中，則有 n 個串列首，以及 m 個頂點，因此相鄰串列中，求所有頂點分支度所需的時間複雜度為 $O(n+m)$。現在分別來討論下圖的兩個範例，該如何使用相鄰串列表示：

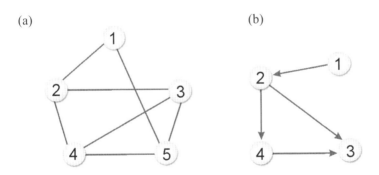

(a)　　　　　　　　　　　　　　(b)

首先來看 (a) 圖，因為 5 個頂點使用 5 個串列首，V_1 串列代表頂點 1，與頂點 1 相鄰的頂點有 2 及 5，依此類推。

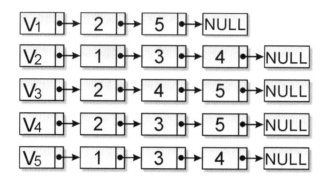

再來看 (b) 圖，因為 4 個頂點使用 4 個串列首，V_1 串列代表頂點 1，與頂點 1 相鄰的頂點有 2，依此類推。

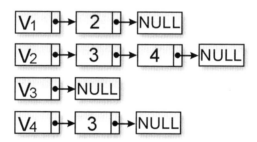

基本上，相鄰矩陣法及相鄰串列法表示圖形的優缺點整理表如下：

表示法 ＼ 優缺點	優點	缺點
相鄰矩陣法	① 實作簡單 ② 計算分支度相當方便 ③ 要在圖形中加入新邊時，這個表示法的插入與刪除相當簡易	① 如果頂點與頂點間的路徑不多時，易造成稀疏矩陣，而浪費空間 ② 計算所有頂點的分支度時，其時間複雜度為 $O(n^2)$
相鄰串列法	① 和相鄰矩陣相比較節省空間 ② 計算所有頂點的分支度時，其時間複雜度為 $O(n+e)$，較相鄰矩陣法來得快	① 欲求入分支度時，必須先求其反轉串列 ② 圖形新邊的加入或刪除會更動到相關的串列鏈結，較為麻煩費時

範例 **CH10_02.cpp** | 請設計一 C++ 程式，使用陣列儲存圖形的邊與相鄰串列
法來輸出鄰接節點的內容。

```
01   /*
02   [ 示範 ]: 使用相鄰串列來表示圖形 (a) 及 (b)
03   */
04   #include <iostream>
05   using namespace std;
06   class list
07   {
08       public:
09       int val;
10       class list *next;
11   };
12   class list head[6];// 宣告一個節點型態陣列
13   int main(void)
14   {
15       list *ptr,*newnode;
16       int data[14][2]={{1,2},{2,1},{1,5},{5,1},// 圖形陣列宣告
17                        {2,3},{3,2},{2,4},{4,2},
18                        {3,4},{4,3},{3,5},{5,3},
19                        {4,5},{5,4}};
20       cout<<" 圖形 (a) 的鄰接串列內容："<<endl;
21       for (int i=1;i<6;i++)
22       {
23           head[i].val=i; // 串列首 head
24           head[i].next=NULL;
25           cout<<" 頂點 "<<i<<" =>";   // 把頂點值列印出來
26           ptr=&(head[i]);            // 暫存節點 ptr
27           for (int j=0;j<14;j++)      // 走訪圖形陣列
28           {
29               if (data[j][0]==i)          // 如果節點值 =i，加入節點到串列首
30               {
31                   newnode = new list;
32               newnode->val=data[j][1];// 宣告新節點，值為終點值
33                   newnode->next=NULL;
34                   while(ptr!=NULL)        // 判斷是否為串列的尾端
35                       ptr=ptr->next;
36                   ptr=newnode;            // 加入新節點
37                   cout<<"["<<newnode->val<<"] ";// 列印相鄰頂點
38               }
```

```
39          }
40          cout<<endl;
41      }
42  }
```

執行結果

```
頂點 1 =>[2] [5]
頂點 2 =>[1] [3] [4]
頂點 3 =>[2] [4] [5]
頂點 4 =>[2] [3] [5]
頂點 5 =>[1] [3] [4]
--------------------------------
Process exited after 0.08722 seconds with return value 0
請按任意鍵繼續 . . .
```

10-2-3 相鄰多元串列法

上面介紹了兩個圖形表示法都是從頂點的觀點出發，但如果要處理的是「邊」則必須使用相鄰多元串列，相鄰多元串列是處理無向圖形的另一種方法。相鄰多元串列的節點是存放邊線的資料，其結構如下：

M	V_1	V_2	LINK1	LINK2
記錄單元	邊線起點	邊線終點	起點指標	終點指標

其中相關特性說明如下：

M：是記錄該邊是否被找過的一個位元之欄位。

V_1 及 V_2：是所記錄的邊的起點與終點。

LINK1：在尚有其他頂點與 V_1 相連的情況下，此欄位會指向下一個與 V_1 相連的邊節點，如果已經沒有任何頂點與 V_1 相連時，則指向 NULL。

LINK2：在尚有其他頂點與 V_2 相連的情況下，此欄位會指向下一個與 V_2 相連的邊節點，如果已經沒有任何頂點與 V_2 相連時，則指向 NULL。

例如有三條邊線 (1,2)(1,3)(2,4)，則邊線 (1,2) 表示法如下：

我們現在以相鄰多元串列表示如下：

首先分別把頂點及邊的節點找出。

10-2-4 索引表格法

　　索引表格表示法,是一種用一維陣列來依序儲存與各頂點相鄰的所有頂點,並建立索引表格,來記錄各頂點在此一維陣列中第一個與該頂點相鄰的位置。我們將以右圖來說明索引表格法的實例。

　　則索引表格法的表示外觀如下:

B	C	D	A	C	D	A	B	D	A	B	C

10-3 圖形的走訪

　　樹的追蹤目的是欲拜訪樹的每一個節點一次,可用的方法有中序法、前序法和後序法等三種。而圖形追蹤的定義如下:

> 一個圖形 G=(V,E),存在某一頂點 v∈V,我們希望從 v 開始,經由此節點相鄰的節點而去拜訪 G 中其他節點,這稱之為「圖形追蹤」。也就是從某一個頂點 V_1 開始,走訪可以經由 V_1 到達的頂點,接著再走訪下一個頂點直到全部的頂點走訪完畢為止。

在走訪的過程中可能會重複經過某些頂點及邊線。經由圖形的走訪可以判斷該圖形是否連通,並找出連通單元及路徑。圖形走訪的方法有兩種:「先深後廣走訪」及「先廣後深走訪」。

10-3-1 先深後廣走訪法

先深後廣走訪的方式有點類似前序走訪。是從圖形的某一頂點開始走訪,被拜訪過的頂點就做上已拜訪的記號,接著走訪此頂點的所有相鄰且未拜訪過的頂點中的任意一個頂點,並做上已拜訪的記號,再以該點為新的起點繼續進行先深後廣的搜尋。

這種圖形追蹤方法結合了遞迴及堆疊兩種資料結構的技巧,由於此方法會造成無窮迴路,所以必須加入一個變數,判斷該點是否已經走訪完畢。以下我們以下圖來看看這個方法的走訪過程:

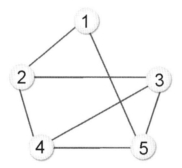

STEP 1 以頂點 1 為起點,將相鄰的頂點 2 及頂點 5 放入堆疊。

⑤ ②

STEP 2 取出頂點 2,將與頂點 2 相鄰且未拜訪過的頂點 3 及頂點 4 放入堆疊。

⑤ ④ ③

STEP 3 取出頂點 3,將與頂點 3 相鄰且未拜訪過的頂點 4 及頂點 5 放入堆疊。

⑤ ④ ⑤ ④

STEP **4** 取出頂點 4，將與頂點 4 相鄰且未拜 訪過的頂點 5 放入堆疊。

⑤	④	⑤	⑤	

STEP **5** 取出頂點 5，將與頂點 5 相鄰且未拜 訪過的頂點放入堆疊，可以發現與頂 點 5 相鄰的頂點全部被拜訪過，所以 無需再放入堆疊。

⑤	④	⑤		

STEP **6** 將堆疊內的值取出並判斷是否已經走 訪過了，直到堆疊內無節點可走訪為 止。

故先深後廣的走訪順序為：**頂點 1、頂點 2、頂點 3、頂點 4、頂點 5。**

深度優先函數的 C++ 演算法如下：

```
void dfs(int current) // 深度優先走訪副程式
{
    link ptr;
    run[current]=1;
    cout<<"["<<current<<"] ";
    ptr=head[current]->next;
    while(ptr!=NULL)
    {
        if (run[ptr->val]==0)// 如果頂點尚未走訪，
            dfs(ptr->val);   // 就進行 dfs 的遞迴呼叫
        ptr=ptr->next;
    }
}
```

範例 **CH10_03.cpp** ▎**請將上圖的先深後廣搜尋法，以 C++ 程式實作，其中圖形陣列如下：**

```
int data[20][2]={{1,2},{2,1},{1,3},{3,1},{2,4},{4,2},{2,5},{5,2},
                 {3,6},{6,3},{3,7},{7,3},
                 {4,5},{5,4},{6,7},{7,6},{5,8},{8,5},{6,8},{8,6}};
```

```
01   #include <iostream>
02   using namespace std;
03   class list
04   {
05       public:
06       int val;
07       class list *next;
08   };
09   typedef class list node;
10   typedef node *link;
11   class list* head[9];
12   void dfs(int);
13   int run[9];
14   int main(void)
15   {
16       link ptr,newnode;
17       int data[20][2]={{1,2},{2,1},{1,3},{3,1},// 圖形邊線陣列宣告
18                        {2,4},{4,2},{2,5},{5,2},
19                        {3,6},{6,3},{3,7},{7,3},
20                        {4,5},{5,4},{6,7},{7,6},
21                        {5,8},{8,5},{6,8},{8,6}};
22       for (int i=1;i<=8;i++)// 共有八個頂點
23       {
24           run[i]=0;          // 設定所有頂點成尚未走訪過
25           head[i]= new node;
26           head[i]->val=i;    // 設定各個串列首的初值
27           head[i]->next=NULL;
28           ptr=head[i];       // 設定指標為串列首
29           for(int j=0;j<20;j++)  // 二十條邊線
30           {
31               if(data[j][0]==i)  // 如果起點和串列首相等，則把頂點加入串列
32               {
33                   newnode =new node;
```

```
34                    newnode->val=data[j][1];
35                    newnode->next=NULL;
36                    do
37                    {
38                        ptr->next=newnode;// 加入新節點
39                        ptr=ptr->next;
40                        }while(ptr->next!=NULL);
41                    }
42                }
43            }
44        cout<<" 圖形的鄰接串列內容："<<endl;// 列印圖形的鄰接串列內容
45        for(int i=1;i<=8;i++)
46        {
47            ptr=head[i];
48            cout<<" 頂點 "<<i<<"=> ";
49            ptr = ptr->next;
50            while(ptr!=NULL)
51            {
52                cout<<"["<<ptr->val<<"] ";
53                ptr=ptr->next;
54            }
55            cout<<endl;
56        }
57
58        cout<<" 深度優先走訪頂點："<<endl;// 列印深度優先走訪的頂點
59        dfs(1);
60        cout<<endl;
61    }
62    void dfs(int current) // 深度優先走訪副程式
63    {
64        link ptr;
65        run[current]=1;
66        cout<<"["<<current<<"] ";
67        ptr=head[current]->next;
68        while(ptr!=NULL)
69        {
70            if (run[ptr->val]==0)// 如果頂點尚未走訪，
71                dfs(ptr->val);    // 就進行 dfs 的遞迴呼叫
72            ptr=ptr->next;
73        }
74    }
```

執行結果

```
圖形的鄰接串列內容：
頂點 1=> [2] [3]
頂點 2=> [1] [4] [5]
頂點 3=> [1] [6] [7]
頂點 4=> [2] [5]
頂點 5=> [2] [4] [8]
頂點 6=> [3] [7] [8]
頂點 7=> [3] [6]
頂點 8=> [5] [6]
深度優先走訪頂點：
[1] [2] [4] [5] [8] [6] [3] [7]

-------------------------------
Process exited after 0.08492 seconds with return value 0
請按任意鍵繼續 . . . ▇
```

10-3-2 先廣後深搜尋法

之前所談到先深後廣是利用堆疊及遞迴的技巧來走訪圖形，而先廣後深（Breadth-First Search, BFS）走訪方式則是以佇列及遞迴技巧來走訪，也是從圖形的某一頂點開始走訪，被拜訪過的頂點就做上已拜訪的記號。接著走訪此頂點的所有相鄰且未拜訪過的頂點中的任意一個頂點，並做上已拜訪的記號，再以該點為新的起點繼續進行先廣後深的搜尋。以下我們以右圖來看看 BFS 的走訪過程：

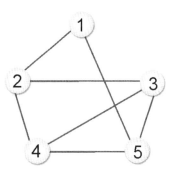

STEP 1 以頂點 1 為起點，與頂點 1 相鄰且未拜訪過的頂點 2 及頂點 5 放入佇列。

②	⑤			

STEP 2 取出頂點 2，將與頂點 2 相鄰且未拜訪過的頂點 3 及頂點 4 放入佇列。

⑤	③	④		

STEP 3 取出頂點 5，將與頂點 5 相鄰且未拜
訪過的頂點 3 及頂點 4 放入佇列。

③	④	③	④	

STEP 4 取出頂點 3，將與頂點 3 相鄰且未拜
訪過的頂點 4 放入佇列。

④	③	④	④	

STEP 5 取出頂點 4，將與頂點 4 相鄰且未拜
訪過的頂點放入佇列中，各位可以發
現與頂點 4 相鄰的頂點全部被拜訪
過，所以無需再放入佇列中。

③	④	④		

STEP 6 將佇列內的值取出並判斷是否已經走
訪過了，直到佇列內無節點可走訪為
止。

故先廣後深的走訪順序為：**頂點 1、頂點 2、頂點 5、頂點 3、頂點 4**。

先廣後深的程式寫法與先深後廣的寫法類似，需注意的使用技巧不同，先廣後
深必須使用佇列的技巧。請各位讀者自行參考佇列的寫法，順便複習一下吧！

廣度優先函數的 C++ 演算法如下：

```cpp
void bfs(int current)
{
    link tempnode; // 臨時的節點指標
    enqueue(current); // 將第一個頂點存入佇列
    run[current]=1; // 將走訪過的頂點設定為 1
    cout<<"["<<current<<"]"; // 印出該走訪過的頂點
    while(front!=rear) { // 判斷目前是否為空佇列
        current=dequeue(); // 將頂點從佇列中取出
        tempnode=Head[current].first; // 先記錄目前頂點的位置
        while(tempnode!=NULL)
        {
            if(run[tempnode->x]==0)
            {
```

```
                enqueue(tempnode->x);
                run[tempnode->x]=1; // 記錄已走訪過
                cout<<"["<<tempnode->x<<"]";
            }
            tempnode=tempnode->next;
        }
    }
}
```

範例　**CH10_04.cpp** ┃ 請將上圖的先廣後深搜尋法，以 **C++** 程式實作，其中圖

形陣列如下：

```
int Data[20][2] =
    { {1,2},{2,1},{1,3},{3,1},{2,4},{4,2},{2,5},{5,2},{3,6},{6,3},
    {3,7},{7,3},{4,5},{5,4},{6,7},{7,6},{5,8},{8,5},{6,8},{8,6} };
```

```
01  /*
02  [ 示範 ]：先廣後深搜尋法 (BFS)
03  */
04  #include <iostream>
05  #include <cstdlib>
06  #define MAXSIZE 10// 定義佇列的最大容量
07  using namespace std;
08  int front=-1;// 指向佇列的前端
09  int rear=-1;// 指向佇列的後端
10  struct list// 圖形頂點結構宣告
11  {
12      int x;// 頂點資料
13      struct list *next;// 指向下一個頂點的指標
14  };
15  typedef struct list node;
16  typedef node *link;
17  struct GraphLink
18  {
19      link first;
20      link last;
21  };
22  int run[9];// 用來記錄各頂點是否走訪過
23  int queue[MAXSIZE];
```

```
24    struct GraphLink Head[9];
25    void print(struct GraphLink temp)
26    {
27        link current=temp.first;
28        while(current!=NULL)
29        {
30            cout<<"["<<current->x<<"]";
31            current=current->next;
32        }
33        cout<<endl;
34    }
35    void insert(struct GraphLink *temp,int x)
36    {
37        link newNode;
38        newNode=new node;
39        newNode->x=x;
40        newNode->next=NULL;
41        if(temp->first==NULL)
42        {
43            temp->first=newNode;
44            temp->last=newNode;
45        }
46        else
47        {
48            temp->last->next=newNode;
49            temp->last=newNode;
50        }
51    }
52    // 佇列資料的存入
53    void enqueue(int value)
54    {
55        if(rear>=MAXSIZE) return;
56        rear++;
57        queue[rear]=value;
58    }
59    // 佇列資料的取出
60    int dequeue()
61    {
62        if(front==rear) return -1;
63        front++;
64        return queue[front];
65    }
```

```
66    // 廣度優先搜尋法
67    void bfs(int current)
68    {
69        link tempnode; // 臨時的節點指標
70        enqueue(current); // 將第一個頂點存入佇列
71        run[current]=1; // 將走訪過的頂點設定為 1
72        cout<<"["<<current<<"]"; // 印出該走訪過的頂點
73        while(front!=rear) { // 判斷目前是否為空佇列
74            current=dequeue(); // 將頂點從佇列中取出
75            tempnode=Head[current].first; // 先記錄目前頂點的位置
76            while(tempnode!=NULL)
77            {
78                if(run[tempnode->x]==0)
79                {
80                    enqueue(tempnode->x);
81                    run[tempnode->x]=1; // 記錄已走訪過
82                    cout<<"["<<tempnode->x<<"]";
83                }
84                tempnode=tempnode->next;
85            }
86        }
87    }
88    int main(void)
89    {
90    // 圖形邊線陣列宣告
91        int Data[20][2] =
92        { {1,2},{2,1},{1,3},{3,1},{2,4},{4,2},{2,5},{5,2},{3,6},{6,3},
93        {3,7},{7,3},{4,5},{5,4},{6,7},{7,6},{5,8},{8,5},{6,8},{8,6} };
94        int DataNum;
95        int i,j;
96        cout<<" 圖形的鄰接串列內容："<<endl; // 列印圖形的鄰接串列內容
97        for( i=1 ; i<9 ; i++ )
98        { // 共有八個頂點
99            run[i]=0; // 設定所有頂點成尚未走訪過
100           cout<<" 頂點 "<<i<<"=>";
101           Head[i].first=NULL;
102           Head[i].last=NULL;
103           for( j=0 ; j<20 ;j++)
104           {
105               if(Data[j][0]==i)
106               { // 如果起點和串列首相等，則把頂點加入串列
107                   DataNum = Data[j][1];
```

```
108                    insert(&Head[i],DataNum);
109              }
110        }
111        print(Head[i]);// 列印圖形的鄰接串列內容
112    }
113    cout<<" 廣度優先走訪頂點："<<endl;// 列印廣度優先走訪的頂點
114    bfs(1);
115    cout<<endl;
116    return 0;
117 }
```

執行結果

```
圖形的鄰接串列內容：
頂點1=>[2][3]
頂點2=>[1][4][5]
頂點3=>[1][6][7]
頂點4=>[2][5]
頂點5=>[2][4][8]
頂點6=>[3][7][8]
頂點7=>[3][6]
頂點8=>[5][6]
廣度優先走訪頂點：
[1][2][3][4][5][6][7][8]

--------------------------------
Process exited after 0.2804 seconds with return value 0
請按任意鍵繼續 . . . ■
```

10-4 擴張樹的奧祕

擴張樹又稱「花費樹」或「值樹」，一個圖形的擴張樹（Spanning Tree）就是以最少的邊來連結圖形中所有的頂點，且不造成循環（Cycle）的樹狀結構。更清楚的說，當一個圖形連通時，則使用 DFS 或 BFS 必能拜訪圖形中所有的頂點，且 G=(V,E) 的所有邊可分成兩個集合：T 和 B（T 為搜尋時所經過的所有邊，而 B 為其餘未被經過的邊）。if S=(V,T) 為 G 中的擴張樹（Spanning Tree），具有以下三項特性：

① E=T+B。

② 加入 B 中的任一邊到 S 中，則會產生循環（Cycle）。

③ V 中的任何 2 頂點 Vᵢ、Vⱼ 在 S 中存在唯一的一條簡單路徑。

　　例如下圖所示為圖 G 與它的三棵擴張樹：

▲ 圖 G

10-4-1　DFS 擴張樹及 BFS 擴張樹

　　基本上，一棵擴張樹也可以利用先深後廣搜尋法（DFS）與先廣後深搜尋法（BFS）來產生，所得到的擴張樹則稱為縱向擴張樹（DFS 擴張樹）或橫向擴張樹（BFS 擴張樹）。我們立刻來練習求出右圖的 DFS 擴張樹及 BFS 擴張樹。

　　依擴張樹的定義，我們可以得到下列幾顆擴張樹：

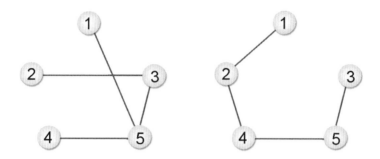

由上圖我們可以得知，一個圖形通常具有不只一顆擴張樹。上圖的先深後廣擴張樹為①②③④⑤，如下圖 (a)，先廣後深擴張樹則為①②⑤③④，如下圖 (b)：

(a)   (b)

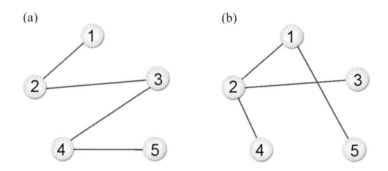

10-4-2 最小花費擴張樹

假設在樹的邊加上一個權重（Weight）值，這種圖形就成為「加權圖形（Weighted Graph）」。如果這個權重值代表兩個頂點間的距離（Distance）或成本（Cost），這類圖形就稱為網路（Network）。如右圖所示：

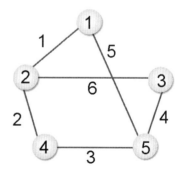

假如想知道從某個點到另一個點間的路徑成本，例如由頂點 1 到頂點 5 有 (1+2+3)、(1+6+4) 及 5 這三個路徑成本，而「最小成本擴張樹（Minimum Cost Spanning Tree）」則是路徑成本為 5 的擴張樹。請看下圖說明：

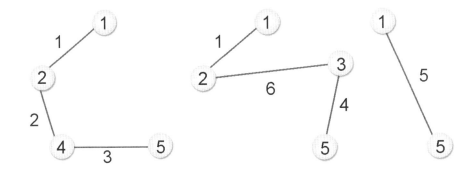

如何從加權圖形中找到最小成本擴張樹是相當重要的，因為許多工作都可以由圖形來表示，例如從高雄到花蓮的距離或花費等。接著介紹以「貪婪法則」（Greedy Rule）為基礎，來求得一個無向連通圖形的最小花費樹的常見建立方法，分別是 Prim's 演算法及 Kruskal's 演算法。

10-4-3　Prim's 演算法

Prim's 演算法又稱 P 氏法，對一個加權圖形 G=(V,E)，設 V={1,2,......n}，假設 U={1}，也就是說，U 及 V 是兩個頂點的集合。

然後從 U – V 差集所產生的集合中找出一個頂點 x，該頂點 x 能與 U 集合中的某點形成最小成本的邊，且不會造成迴圈。然後將頂點 x 加入 U 集合中，反覆執行同樣的步驟，一直到 U 集合等於 V 集合（即 U=V）為止。接下來，我們將實際利用 P 氏法求出下圖的最小擴張樹。

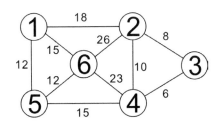

從此圖形中可得 V={1,2,3,4,5,6},U=1

從 V－U={2,3,4,5,6} 中找一頂點與 U 頂點能形成最小成本邊，得

V-U={2,3,4,6} U={1,5}

從 V-U 中頂點找出與 U 頂點能形成最小成本的邊，得

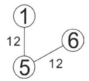

且 U={1,5,6}，V－U={2,3,4}

同理，找到頂點 4

U={1,5,6,4} V－U={2,3}

同理，找到頂點 3

同理，找到頂點 2

我們再來看一個用 P 氏法求出下圖的最小成本擴張樹的圖例：

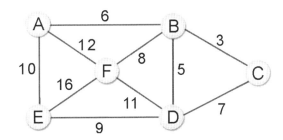

STEP **1** V=ABCDEF，U=A，從 V－U 中找一個與 U 路徑最短的頂點。

STEP **2** 把 B 加入 U，在 V－U 中找一個與 U 路徑最短的頂點。

STEP ③ 把 C 加入 U，在 V – U 中找一個與 U 路徑最短的頂點。

最小成本擴張樹為

A —— B，6

B —— C，3

B —— D，5

STEP ④ 把 D 加入 U，在 V – U 中找一個與 U 路徑最短的頂點。

最小成本擴張樹為

A —— B，6

B —— C，3

B —— D，5

B —— F，8

STEP ⑤ 把 F 加入 U，在 V – U 中找一個與 U 路徑最短的頂點。

最小成本擴張樹為

A —— B，6

B —— C，3

B —— D，5

B —— F，8

D —— E，9

STEP ⑥ 最後可得到最小成本擴張樹為：

{A-B，6}{B-C，3}{B-D，5}{B-F，8}{D-E，9}

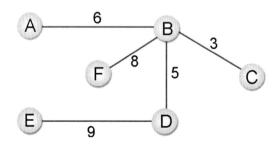

Prim's 演算法函數的 C++ 程式如下：

```cpp
void MinSpanTree(int start,int node, int edge){
    int smallest;        // 用來記錄成本最小的變數
    int end_point;       // 成本最小的邊的對應頂點
    marked[start]=1;     // 標記該頂點為已找到

    // 此迴圈是進行初始化工作
    for(int i=0;i<node;i++){
        value[i]=data[start][i];    // 初始化開始頂點的各鄰接邊的成本
        road[i]=start; // 初始化從開始頂點到 i 頂點的路徑
    }

    for(int i=1;i<node;i++){
        smallest=BIG_NO;
        // 以迴圈逐一尋找找出成本最小
        for(int j=0;j<node;j++){
            if((marked[j]==0) && (smallest>value[j])){
                smallest=value[j]; // 記錄成本最小邊的數值
                end_point=j;       // 記錄最小邊的對應邊的頂點 j
            }
        }
        total =total+value[end_point];    // 累加最小成本的值
        marked[end_point]=1;   // 標記找出的頂點
        for(int j=0;j<node;j++){    // 更新記錄邊的大小的權值 value 陣列
            if((marked[j]==0) && (data[end_point][j]<value[j])){
                value[j]=data[end_point][j];
                road[j]=end_point;
            }
        }
    }
}
```

範例 **CH10_05.cpp** ▎ 請利用 Prim's 演算法，並以 C++ 語言實作下圖的最小成本擴張樹的路徑及總成本。

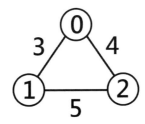

🔄 **執行結果**

```
圖形頂點個數= 3
圖形總邊數= 3
請輸入第 1 個邊的起點，終點及邊長，數值之間以空白隔開
0 1 3
第 1 個邊是從頂點 0 到頂點 1，其邊界長= 3
請輸入第 2 個邊的起點，終點及邊長，數值之間以空白隔開
0 2 4
第 2 個邊是從頂點 0 到頂點 2，其邊界長= 4
請輸入第 3 個邊的起點，終點及邊長，數值之間以空白隔開
1 2 5
第 3 個邊是從頂點 1 到頂點 2，其邊界長= 5
請輸入最小成本擴張樹起始頂點: 0
最小成本擴張樹的路徑為：
連結頂點 0------到頂點 1 的邊
連結頂點 0------到頂點 2 的邊
最小成本擴張樹的總成本= 7

--------------------------------
Process exited after 57.48 seconds with return value 0
請按任意鍵繼續 . . .
```

10-4-4　Kruskal's 演算法

Kruskal's 演算法是將各邊線依權值大小由小到大排列，接著從權值最低的邊線開始架構最小成本擴張樹，如果加入的邊線會造成迴路則捨棄不用，直到加入了 n-1 個邊線為止。

我們直接來看如何以 K 氏法得到範例下圖中最小成本擴張樹：

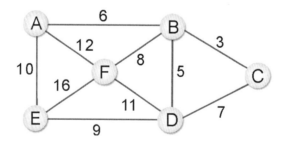

STEP **1** 把所有邊線的成本列出並由小到大排序：

起始頂點	終止頂點	成本
B	C	3
B	D	5
A	B	6
C	D	7
B	F	8
D	E	9
A	E	10
D	F	11
A	F	12
E	F	16

STEP **2** 選擇成本最低的一條邊線作為架構最小成本擴張樹的起點。

STEP **3** 依步驟 1 所建立的表格，依序加入邊線。

STEP **4** C-D 加入會形成迴路，所以直接跳過。

完成圖

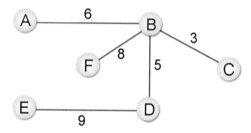

Kruskal's 演算法函數的 C++ 程式如下：

```cpp
void mintree(mst head)  // 最小成本擴張樹副程式
{
    mst ptr,mceptr;
    int result=0;
    ptr=head;

    for(int i=0;i<=VERTS;i++)
        v[i]=0;

    while(ptr!=NULL)
    {
        mceptr=findmincost(head);
        v[mceptr->from]++;
        v[mceptr->to]++;
        if(v[mceptr->from]>1 && v[mceptr->to]>1)
        {
            v[mceptr->from]--;
            v[mceptr->to]--;
            result=1;
```

```
        }
    else
        result=0;
    if(result==0)
        cout<<" 起始頂點 ["<<mceptr->from
            <<"]\t 終止頂點 ["<<mceptr->to<<"]\t 路徑長度 ["
            <<mceptr->val<<"]"<<endl;
        ptr=ptr->next;
    }
}
```

範例 **CH10_06.cpp** ▏ 以下將利用一個二維陣列儲存並排序 **K** 氏法的成本表，

試設計一 **C++** 程式來求取最小成本花費樹，二維陣列如下：

```
int data[10][3]={{1,2,6},{1,6,12},{1,5,10},{2,3,3},
        {2,4,5},{2,6,8},{3,4,7},{4,6,11},
        {4,5,9},{5,6,16}};
```

```
01  /*
02  [ 示範 ]: 最小成本擴張樹
03  */
04  #include <iostream>
05  #define VERTS   6 // 圖形頂點數
06  using namespace std;
07  class edge   // 邊的結構宣告
08  {
09      public:
10          int from,to;
11          int find,val;
12          class edge* next;
13  };
14  typedef class edge node;
15  typedef node* mst;
16  void mintree(mst head);
17  mst findmincost(mst head);
18  int v[VERTS+1];
19  int main(void)
20  {
21      int data[10][3]={{1,2,6},{1,6,12},
22              {1,5,10},{2,3,3},// 成本表陣列
23              {2,4,5},{2,6,8},{3,4,7},{4,6,11},
```

```
24                    {4,5,9},{5,6,16}};
25        mst head,ptr,newnode;
26        head=NULL;
27        cout<<" 建立圖形串列："<<endl;
28        for(int i=0;i<10;i++)// 建立圖形串列
29        {
30            for(int j=1;j<=VERTS;j++)
31            {
32                if(data[i][0]==j)
33                {
34                    newnode = new node;
35                    newnode->from=data[i][0];
36                    newnode->to=data[i][1];
37                    newnode->val=data[i][2];
38                    newnode->find=0;
39                    newnode->next=NULL;
40                    if(head==NULL)
41                    {
42                        head=newnode;
43                        head->next=NULL;
44                        ptr=head;
45                    }
46                    else
47                    {
48                        ptr->next=newnode;
49                        ptr=ptr->next;
50                    }
51                }
52            }
53        }
54        ptr=head;
55        while(ptr!=NULL)// 列印圖形串列
56        {
57            cout<<" 起始頂點 ["<<ptr->from<<"]\t 終止頂點 ["
58            <<ptr->to<<"]\t 路徑長度 ["<<ptr->val<<"]";
59            cout<<endl;
60            ptr=ptr->next;
61        }
62        cout<<" 建立最小成本擴張樹："<<endl;
63        mintree(head);  // 建立最小成本擴張樹
64        delete newnode;
65    }
66    mst findmincost(mst head)// 搜尋成本最小的邊
67    {
```

```
68      int minval=100;
69      mst ptr,retptr;
70      ptr=head;
71      while(ptr!=NULL)
72      {
73          if(ptr->val<minval && ptr->find==0)
74          {   // 假如 ptr->val 的值小於 minval
75              minval=ptr->val; // 就把 ptr->val 設為最小值
76              retptr=ptr;// 並且把 ptr 記錄下來
77          }
78          ptr=ptr->next;
79      }
80      retptr->find=1; // 將 retptr 設為已找到的邊
81      return retptr;   // 傳回 retptr
82  }
83  void mintree(mst head) // 最小成本擴張樹副程式
84  {
85      mst ptr,mceptr;
86      int result=0;
87      ptr=head;
88
89      for(int i=0;i<=VERTS;i++)
90          v[i]=0;
91
92      while(ptr!=NULL)
93      {
94          mceptr=findmincost(head);
95          v[mceptr->from]++;
96          v[mceptr->to]++;
97          if(v[mceptr->from]>1 && v[mceptr->to]>1)
98          {
99              v[mceptr->from]--;
100             v[mceptr->to]--;
101             result=1;
102         }
103         else
104             result=0;
105         if(result==0)
106             cout<<" 起始頂點 ["<<mceptr->from
107             <<"]\t 終止頂點 ["<<mceptr->to<<"]\t 路徑長度 ["
108             <<mceptr->val<<"]"<<endl;
109         ptr=ptr->next;
110     }
111 }
```

🔄 執行結果

```
建立圖形串列：
起始頂點 [1]      終止頂點 [2]      路徑長度 [6]
起始頂點 [1]      終止頂點 [6]      路徑長度 [12]
起始頂點 [1]      終止頂點 [5]      路徑長度 [10]
起始頂點 [2]      終止頂點 [3]      路徑長度 [3]
起始頂點 [2]      終止頂點 [4]      路徑長度 [5]
起始頂點 [2]      終止頂點 [6]      路徑長度 [8]
起始頂點 [3]      終止頂點 [4]      路徑長度 [7]
起始頂點 [4]      終止頂點 [6]      路徑長度 [11]
起始頂點 [4]      終止頂點 [5]      路徑長度 [9]
起始頂點 [5]      終止頂點 [6]      路徑長度 [16]
建立最小成本擴張樹：
起始頂點 [2]      終止頂點 [3]      路徑長度 [3]
起始頂點 [2]      終止頂點 [4]      路徑長度 [5]
起始頂點 [1]      終止頂點 [2]      路徑長度 [6]
起始頂點 [2]      終止頂點 [6]      路徑長度 [8]
起始頂點 [4]      終止頂點 [5]      路徑長度 [9]

------------------------------------
Process exited after 0.153 seconds with return value 0
請按任意鍵繼續 . . .
```

10-5 圖形最短路徑法

　　有一個有向圖形 G=(V,E)，G 中每一個邊都有一個比例常數 W（Weight）與之對應，如果想求 G 圖形中某一個頂點 V_0 到其他頂點的最少 W 總和之值，這類問題就稱為最短路徑問題（The Shortest Path Problem）。由於交通運輸工具的便利與普及，所以兩地之間有發生運送或者資訊的傳遞下，最短路徑（Shortest Path）的問題隨時都可能因應需求而產生，簡單來說，就是找出兩個端點間可通行的捷徑。

🔺 許多大眾運輸系統都必須運用到最短路徑的理論

我們在上節中所說明的花費最少擴張樹（MST），是計算連繫網路中每一個頂點所須的最少花費，但連繫樹中任兩頂點的路徑倒不一定是一條花費最少的路徑，這也是本節將研究最短路徑問題的主要理由。以下是在討論最短路徑常見的演算法。

10-5-1　Dijkstra's 演算法與 A* 演算法

Dijkstra's 演算法

一個頂點到多個頂點通常使用 Dijkstra's 演算法求得，定義如下：

假設 $S=\{V_i|V_i \in V\}$，且 V_i 在已發現的最短路徑，其中 $V_0 \in S$ 是起點。

假設 $w \notin S$，定義 Dist(w) 是從 V_0 到 w 的最短路徑，這條路徑除了 w 外必屬於 S。且有下列幾點特性：

① 如果 u 是目前所找到最短路徑之下一個節點，則 u 必屬於 V-S 集合中最小花費成本的邊。

② 若 u 被選中，將 u 加入 S 集合中，則會產生目前的由 V_0 到 u 最短路徑，對於 $w \notin S$，DIST(w) 被改變成 DIST(w)←Min{DIST(w),DIST(u)+COST(u,w)}。

從上述的演算法我們可以推演出如下的步驟：

STEP 1　G=(V,E)

D[k]=A[F,k] 其中 k 從 1 到 N

S={F}

V={1,2,……N}

D 為一個 N 維陣列用來存放某一頂點到其他頂點最短距離。

F 表示起始頂點。

A[F,I] 為頂點 F 到 I 的距離。

V 是網路中所有頂點的集合。

E 是網路中所有邊的組合。

S 也是頂點的集合，其初始值是 S={F}。

STEP 2 從 V – S 集合中找到一個頂點 x，使 D(x) 的值為最小值，並把 x 放入 S 集合中。

STEP 3 依下列公式：

D[I]=min(D[I],D[x]+A[x,I])

其中 (x,I)∈E 來調整 D 陣列的值，其中 I 是指 x 的相鄰各頂點。

STEP 4 重複執行步驟 2，一直到 V – S 是空集合為止。

我們直接來看一個例子，請找出下圖中，頂點 5 到各頂點間的最短路徑。

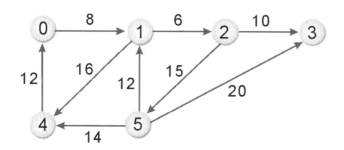

做法相當簡單，首先由頂點 5 開始，找出頂點 5 到各頂點間最小的距離，到達不了以∞表示。步驟如下：

STEP 1 D[0]= ∞ ,D[1]=12,D[2]= ∞ ,D[3]=20,D[4]=14。在其中找出值最小的頂點，加入 S 集合中：D[1]。

STEP 2 D[0]= ∞ ,D[1]=12,D[2]=18,D[3]=20,D[4]=14。D[4] 最小，加入 S 集合中。

STEP 3 D[0]=26,D[1]=12,D[2]=18,D[3]=20,D[4]=14。D[2] 最小，加入 S 集合中。

STEP 4 D[0]=26,D[1]=12,D[2]=18,D[3]=20,D[4]=14。D[3] 最小，加入 S 集合中。

STEP 5 加入最後一個頂點即可得到下表：

步驟	S	0	1	2	3	4	5	選擇
1	5	∞	12	∞	20	14	0	1
2	5,1	∞	12	18	20	14	0	4
3	5,1,4	26	12	18	20	14	0	2
4	5,1,4,2	26	12	18	20	14	0	3
5	5,1,4,2,3	26	12	18	20	14	0	0

由頂點 5 到其他各頂點的最短距離為：

頂點 5–頂點 0：26

頂點 5–頂點 1：12

頂點 5–頂點 2：18

頂點 5–頂點 3：20

頂點 5–頂點 4：14

Dijkstra's 演算法函數的 C++ 程式如下：

```
void shortestPath(int vertex1, int vertex_total)
{
    extern int distance[SIZE];// 宣告為外部變數
    int shortest_vertex = 1;    // 記錄最短距離的頂點
    int shortest_distance;      // 記錄最短距離
    int goal[SIZE]; // 用來記錄該頂點是否被選取
    int i,j;
    for ( i = 1; i <= vertex_total; i++ )
    {
        goal[i] = 0;
        distance[i] = Graph_Matrix[vertex1][i];
    }
    goal[vertex1] = 1;
    distance[vertex1] = 0;
    cout<<endl;
    for (i=1; i<=vertex_total-1; i++ )
```

```
{
    shortest_distance = INFINITE;
    // 找最短距離頂
    for (j=1;j<=vertex_total;j++ )
        if (goal[j]==0&&shortest_distance>distance[j])
        {
            shortest_distance=distance[j];
            shortest_vertex=j;
        }
    goal[shortest_vertex] = 1;
    // 計算開始頂點到各頂點最短距離
    for (j=1;j<=vertex_total;j++ )
    {
        if ( goal[j] == 0 &&
            distance[shortest_vertex]+Graph_Matrix[shortest_vertex][j]
            <distance[j])
        {
            distance[j]=distance[shortest_vertex]
            +Graph_Matrix[shortest_vertex][j];
        }
    }
}
}
```

範例 **CH10_07.cpp** ┃ 請設計一 C++ 程式，以 **Dijkstra's** 演算法來求取下列圖形成本陣列中，頂點 **1** 對全部圖形頂點間的最短路徑：

```
int Path_Cost[7][3] = { {1, 2, 10},
                        {2, 3, 20},
                        {2, 4, 25},
                        {3, 5, 18},
                        {4, 5, 22},
                        {4, 6, 95},
                        {5, 6, 77} };
```

```
01   /*
02   [ 示範 ]:Dijkstra 演算法 ( 單點對全部頂點的最短路徑 )
03   */
04   #include <iostream>
05   #include <cstdlib>
06   #include <iomanip>
07   #define SIZE   7
```

```
08  #define NUMBER 6
09  #define INFINITE  99999 // 無窮大
10  using namespace std;
11  int Graph_Matrix[SIZE][SIZE];// 圖形陣列
12  int distance[SIZE];// 路徑長度列
13  // 建立圖形
14  void BuildGraph_Matrix(int *Path_Cost)
15  {
16      int Start_Point;// 邊線的起點
17      int End_Point;  // 邊線的終點
18      int i, j;
19      for ( i = 1; i < SIZE; i++ )
20          for ( j = 1; j < SIZE; j++ )
21              if ( i == j )
22                  Graph_Matrix[i][j] = 0;  // 對角線設為 0
23              else
24                  Graph_Matrix[i][j] = INFINITE;
25      // 存入圖形的邊線
26      i=0;
27      while(i<SIZE)
28      {
29          Start_Point = Path_Cost[i*3];
30          End_Point = Path_Cost[i*3+1];
31          Graph_Matrix[Start_Point][End_Point]=Path_Cost[i*3+2];
32          i++;
33      }
34  }
35  // 印出圖形
36  void printGraph_Matrix()
37  {
38      int i, j;
39      for ( i = 1; i < SIZE; i++ )
40      {
41          cout<<"vex"<<i;
42          for ( j = 1; j < SIZE; j++ )
43              if ( Graph_Matrix[i][j] == INFINITE )
44                  cout<<setw(5)<<'x';
45              else
46                  cout<<setw(5)<<Graph_Matrix[i][j];
47          cout<<endl;
48      }
49  }
50  // 單點對全部頂點最短距離
51  void shortestPath(int vertex1, int vertex_total)
```

```
52   {
53       extern int distance[SIZE];// 宣告為外部變數
54       int shortest_vertex = 1; // 記錄最短距離的頂點
55       int shortest_distance;    // 記錄最短距離
56       int goal[SIZE]; // 用來記錄該頂點是否被選取
57       int i,j;
58       for ( i = 1; i <= vertex_total; i++ )
59       {
60           goal[i] = 0;
61           distance[i] = Graph_Matrix[vertex1][i];
62       }
63       goal[vertex1] = 1;
64       distance[vertex1] = 0;
65       cout<<endl;
66       for (i=1; i<=vertex_total-1; i++ )
67       {
68           shortest_distance = INFINITE;
69           // 找最短距離
70           for (j=1;j<=vertex_total;j++ )
71               if (goal[j]==0&&shortest_distance>distance[j])
72               {
73                   shortest_distance=distance[j];
74                   shortest_vertex=j;
75               }
76           goal[shortest_vertex] = 1;
77           // 計算開始頂點到各頂點最短距離
78           for (j=1;j<=vertex_total;j++ )
79           {
80               if ( goal[j] == 0 &&
81                   distance[shortest_vertex]+Graph_Matrix[shortest_vertex][j]
82                   <distance[j])
83               {
84                   distance[j]=distance[shortest_vertex]
85                   +Graph_Matrix[shortest_vertex][j];
86               }
87           }
88       }
89   }
90   // 主程式
91   int main(void)
92   {
93       extern int distance[SIZE];// 宣告為外部變數
94       int Path_Cost[7][3] = { {1, 2, 10},
95                               {2, 3, 20},
```

```
96                               {2, 4, 25},
97                               {3, 5, 18},
98                               {4, 5, 22},
99                               {4, 6, 95},
100                              {5, 6, 77} };
101     int j;
102     BuildGraph_Matrix(&Path_Cost[0][0]);
103     cout<<"================================="<<endl;
104     cout<<" 此範例圖形的相鄰矩陣如下： "<<endl;
105     cout<<"================================="<<endl;
106     cout<<" 頂點 vex1 vex2 vex3 vex4 vex5 vex6"<<endl;
107     printGraph_Matrix();   // 顯示圖形
108     shortestPath(1,NUMBER); // 找尋最短路徑
109     cout<<"================================="<<endl;
110     cout<<" 頂點 1 到各頂點最短距離的最終結果 "<<endl;
111     cout<<"================================="<<endl;
112     for (j=1;j<SIZE;j++)
113         cout<<" 頂點  1 到頂點 "<<setw(2)<<j<<" 的最短距離 ="
114         <<setw(3)<<distance[j]<<endl;
115     cout<<endl;
116     return 0;
117 }
```

執行結果

```
=================================
此範例圖形的相鄰矩陣如下:
=================================
頂點 vex1 vex2 vex3 vex4 vex5 vex6
vex1   0   10   x    x    x    x
vex2   x    0   20   25   x    x
vex3   x    x    0    x   18   95
vex4   x    x    x    0   22   95
vex5   x    x    x    x    0   77
vex6   x    x    x    x    x    0


=================================
頂點1到各頂點最短距離的最終結果
=================================
頂點 1 到頂點 1的最短距離=  0
頂點 1 到頂點 2的最短距離= 10
頂點 1 到頂點 3的最短距離= 30
頂點 1 到頂點 4的最短距離= 35
頂點 1 到頂點 5的最短距離= 48
頂點 1 到頂點 6的最短距離=125


---------------------------------
Process exited after 0.3262 seconds with return value 0
請按任意鍵繼續 . . .
```

A* 演算法

前面所介紹的 Dijkstra's 演算法在尋找最短路徑的過程中算是一個較不具效率的作法，那是因為這個演算法在尋找起點到各頂點的距離的過程中，不論哪一個頂點，都要實際去計算起點與各頂點間的距離，來取得最後的一個判斷，到底哪一個頂點距離與起點最近。

也就是說 Dijkstra's 演算法在帶有權重值（Cost Value）的有向圖形間的最短路徑的尋找方式，只是簡單地做廣度優先的搜尋工作，完全忽略許多有用的資訊，這種搜尋演算法會消耗許多系統資源，包括 CPU 時間與記憶體空間。其實如果能有更好的方式幫助我們預估從各頂點到終點的距離，善加利用這些資訊，就可以預先判斷圖形上有哪些頂點離終點的距離較遠，而直接略過這些頂點的搜尋，這種更有效率的搜尋演算法，絕對有助於程式以更快的方式決定最短路徑。

在這種需求的考量下，A* 演算法可以說是一種 Dijkstra's 演算法的改良版，它結合了在路徑搜尋過程中從起點到各頂點的「實際權重」，及各頂點預估到達終點的「推測權重」（或稱為試探權重 Heuristic Cost）兩項因素，這個演算法可以有效減少不必要的搜尋動作，以提高搜尋最短路徑的效率。

我只考慮從起點到各頂點實際權重，來決定下一步要搜尋的頂點。

我不僅考慮從起點到各頂點的實際權重，也會加上各頂點到達終點的推測權重。我不僅搜尋效率高，也不會走冤枉路。

🔺 Dijkstra's 演算法 　　🔺 A* 演算（Dijkstra's 演算法的改良版）

因此 A* 演算法也是一種最短路徑演算法，和 Dijkstra's 演算法不同的是，A* 演算法會預先設定一個「推測權重」，並在找尋最短路徑的過程中，將「推測權重」一併納入決定最短路徑的考慮因素。所謂「推測權重」就是根據事先知道的資訊來給定一個預估值，結合這個預估值，A* 演算法可以更有效率搜尋最短路徑。

例如：在尋找一個已知「起點位置」與「終點位置」的迷宮的最短路徑問題中，因為事先知道迷宮的終點位置，所以可以採用頂點和終點的歐氏幾何平面直線距離（Euclidean Distance，即數學定義中的平面兩點間的距離）作為該頂點的推測權重。

TIPS　有哪些常見的距離評估函數

在 A* 演算法用來計算推測權重的距離評估函數，除了上面所提到的歐氏幾何平面距離，還有許多的距離評估函數可以供選擇，例如曼哈頓距離（Manhattan Distance）和切比雪夫距離（Chebyshev Distance）等。對於二維平面上的二個點 (x1,y1) 和 (x2,y2)，這三種距離的計算方式如下：

● 曼哈頓距離（Manhattan Distance）

$D=|x1-x2|+|y1-y2|$

● 切比雪夫距離（Chebyshev Distance）

$D=\max(|x1-x2|,|y1-y2|)$

● 歐氏幾何平面直線距離（Euclidean Distance）

$D=\sqrt{(x1-x2)^2+(y1-y2)^2}$

A* 演算法並不像 Dijkstra's 演算法只考慮從起點到這個頂點的實際權重（或更具來說就是實際距離）來決定下一步要嘗試的頂點。比較不同的作法是，A* 演算法在計算從起點到各頂點的權重，會同步考慮從起點到這個頂點的實際權重，再加上該頂點到終點的推測權重，以推估出該頂點從起點到終點的權重。再從其中選出一個權重最小的頂點，並將該頂點標示為已搜尋完畢。接著再計算從搜尋完畢的點出發到各頂點的權重，並再從其中選出一個權重最小的點，依循前面同樣的作法，並將

該頂點標示為已搜尋完畢的頂點，以此類推…，反覆進行同樣的步驟，一直到抵達終點，才結束搜尋的工作，就可以得到最短路徑的最佳解答。

實作 A* 演算法的主要步驟，摘要如下：

STEP 1 首先決定各頂點到終點的「推測權重」。「推測權重」的計算方式可以採用各頂點和終點之間的直線距離採用四捨五入後的值，直線距離的計算函數，可從上述三種距離的計算方式擇一。

STEP 2 分別計算從起點可抵達的各個頂點的權重，其計算方式是由起點到該頂點的「實際權重」，加上該頂點抵達終點的「推測權重」。計算完畢後，選出權重最小的點，並標示為搜尋完畢的點。

STEP 3 接著計算從搜尋完畢的點出發到各點的權重，並再從其中選出一個權重最小的點，並再將其標示為搜尋完畢的點。以此類推…，反覆進行同樣的計算過程，一直到抵達最後的終點。

A* 演算法適用於可以事先獲得或預估各頂點到終點距離的情況，但是萬一無法取得各頂點到目的地終點的距離資訊時，就無法使用 A* 演算法。雖然說 A* 演算法是 Dijkstra's 演算法的改良版，但並不是指任何情況下 A* 演算法效率一定優於 Dijkstra's 演算法。例如：當「推測權重」的距離和實際兩個頂點間的距離相差甚大時，A* 演算法的搜尋效率可能比 Dijkstra's 演算法都來得差，甚至還會誤導方向，而造成無法得到最短路徑的最終答案。

但若推測權重所設定的距離和實際兩個頂點間的真實距離誤差不大時，A* 演算法的搜尋效率就遠大於 Dijkstra's 演算法。因此 A* 演算法常被應用在遊戲軟體開發中的玩家與怪物兩種角色間的追逐行為，或是引導玩家以最有效率的路徑及最便捷的方式，快速突破遊戲關卡。

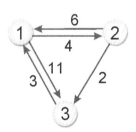 A* 演算法常被應用在遊戲中角色追逐與快速突破關卡的設計

10-5-2　Floyd 演算法

由於 Dijkstra's 的方法只能求出某一點到其他頂點的最短距離，如果要求出圖形中任意兩點甚至所有頂點間最短的距離，就必須使用 Floyd 演算法。

Floyd 演算法定義：

① $A^k[i][j]=\min\{A^{k-1}[i][j],A^{k-1}[i][k]+A^{k-1}[k][j]\}$，$k \geq 1$

k 表示經過的頂點，$A^k[i][j]$ 為從頂點 i 到 j 的經由 k 頂點的最短路徑。

② $A^0[i][j]=COST[i][j]$（即 A^0 便等於 COST），A^0 為頂點 i 到 j 間的直通距離。

③ $A^n[i,j]$ 代表 i 到 j 的最短距離，即 A^n 便是我們所要求的最短路徑成本矩陣。

這樣看起來似乎覺得 Floyd 演算法相當複雜難懂，我們以實例來說明它的演算法則。試以 Floyd 演算法求得右圖各頂點間的最短路徑：

STEP ① 找到 $A^0[i][j]=COST[i][j]$，A^0 為不經任何頂點的成本矩陣。若沒有路徑則以 ∞（無窮大）表示。

$$
\begin{array}{c|ccc}
A^0 & 1 & 2 & 3 \\
\hline
1 & 0 & 4 & 11 \\
2 & 6 & 0 & 2 \\
3 & 3 & \infty & 0 \\
\end{array}
$$

STEP ② 找出 $A^1[i][j]$ 由 i 到 j，經由頂點①的最短距離，並填入矩陣。

$A^1[1][2]$ $=\min\{A^0[1][2],A^0[1][1]+A^0[1][2]\}$
$=\min\{4,0+4\}=4$

$A^1[1][3]$ $=\min\{A^0[1][3],A^0[1][1]+A^0[1][3]\}$
$=\min\{11,0+11\}=11$

$A^1[2][1]$ $=\min\{A^0[2][1],A^0[2][1]+A^0[1][1]\}$
$=\min\{6,6+0\}=6$

$A^1[2][3]$ $=\min\{A^0[2][3],A^0[2][1]+A^0[1][3]\}$
$=\min\{2,6+11\}=2$

$A^1[3][1]$ $=\min\{A^0[3][1],A^0[3][1]+A^0[1][1]\}$
$=\min\{3,3+0\}=3$

$A^1[3][2]$ $=\min\{A^0[3][2],A^0[3][1]+A^0[1][2]\}$
$=\min\{\infty,3+4\}=7$

依序求出各頂點的值後可以得到 A^1 矩陣：

$$
\begin{array}{c|ccc}
A^1 & 1 & 2 & 3 \\
\hline
1 & 0 & 4 & 11 \\
2 & 6 & 0 & 2 \\
3 & 3 & 7 & 0
\end{array}
$$

STEP 3 求出 $A^2[i][j]$ 經由頂點②的最短距離。

$A^2[1][2]$ $=\min\{A^1[1][2], A^1[1][2]+A^1[2][2]\}$

$\quad\quad\quad =\min\{4, 4+0\}=4$

$A^2[1][3]$ $=\min\{A^1[1][3], A^1[1][2]+A^1[2][3]\}$

$\quad\quad\quad =\min\{11, 4+2\}=6$

依序求其他各頂點的值可得到 A^2 矩陣：

$$
\begin{array}{c|ccc}
A^2 & 1 & 2 & 3 \\
\hline
1 & 0 & 4 & 6 \\
2 & 6 & 0 & 2 \\
3 & 3 & 7 & 0
\end{array}
$$

STEP 4 求出 $A^3[i][j]$ 經由頂點③的最短距離。

$A^3[1][2]$ $=\min\{A^2[1][2], A^2[1][3]+A^2[3][2]\}$

$\quad\quad\quad =\min\{4, 6+7\}=4$

$A^3[1][3]$ $=\min\{A^2[1][3], A^2[1][3]+A^2[3][3]\}$

$\quad\quad\quad =\min\{6, 6+0\}=6$

依序求其他各頂點的值可得到 A^3 矩陣：

$$
\begin{array}{c|ccc}
A^3 & 1 & 2 & 3 \\
\hline
1 & 0 & 4 & 6 \\
2 & 5 & 0 & 2 \\
3 & 3 & 7 & 0
\end{array}
$$

完成

所有頂點間的最短路徑為矩陣 A^3 所示。

由上例可知，一個加權圖形若有 n 個頂點，則此方法必須執行 n 次迴圈，逐一產生 $A^1, A^2, A^3, \ldots\ldots A^k$ 個矩陣。但因 Floyd 演算法較為複雜，讀者也可以用上一小節所討論的 Dijkstra's 演算法，依序以各頂點為起始頂點，也可以得到相同的結果。

Floyd 法的 C++ 演算法：

```cpp
void shortestPath(int vertex_total)
{
    int i,j,k;
    extern int distance[SIZE][SIZE];// 宣告為外部變數
    // 圖形長度陣列初始化
    for (i=1;i<=vertex_total;i++ )
        for (j=i;j<=vertex_total;j++ )
        {
            distance[i][j]=Graph_Matrix[i][j];
            distance[j][i]=Graph_Matrix[i][j];
        }
        // 利用 Floyd 演算法找出所有頂點兩兩之間的最短距離
        for (k=1;k<=vertex_total;k++ )
            for (i=1;i<=vertex_total;i++ )
                for (j=1;j<=vertex_total;j++ )
                    if (distance[i][k]+distance[k][j]<distance[i][j])
                        distance[i][j] = distance[i][k] + distance[k][j];
}
```

範例 **CH10_08.cpp** ┃ 請設計一 C++ 程式，以 **Floyd** 演算法來求取下列圖形成

本陣列中，所有頂點兩兩之間的最短路徑，原圖形的相鄰矩陣陣列如下：

```
int Path_Cost[7][3] = { {1, 2, 10}, {2, 3, 20},{2, 4, 25},{3, 5, 18},
                        {4, 5, 22},{4, 6, 95},{5, 6, 77} };
```

```
01  /*
02  [ 示範 ]:Floyd 演算法 ( 所有頂點兩兩之間的最短距離 )
03  */
04  #include <iostream>
05  #include <cstdlib>
06  #include <iomanip>
07  #define SIZE    7
08  #define INFINITE  99999 // 無窮大
09  #define NUMBER 6
10  using namespace std;
11  int Graph_Matrix[SIZE][SIZE];// 圖形陣列
12  int distance[SIZE][SIZE];// 路徑長度陣列
13  // 建立圖形
14  void BuildGraph_Matrix(int *Path_Cost)
15  {
16      int Start_Point;// 邊線的起點
17      int End_Point;  // 邊線的終點
18      int i, j;
19      for ( i = 1; i < SIZE; i++ )
20          for ( j = 1; j < SIZE; j++ )
21              if (i==j)
22                  Graph_Matrix[i][j] = 0; // 對角線設為 0
23              else
24                  Graph_Matrix[i][j] = INFINITE;
25      // 存入圖形的邊線
26      i=0;
27      while(i<SIZE)
28      {
29          Start_Point = Path_Cost[i*3];
30          End_Point = Path_Cost[i*3+1];
31          Graph_Matrix[Start_Point][End_Point]=Path_Cost[i*3+2];
32          i++;
33      }
34  }
35  // 印出圖形
36  void printGraph_Matrix()
37  {
38      int i, j;
```

```
39       for ( i = 1; i < SIZE; i++ )
40       {
41            cout<<"vex%d"<<i;
42            for ( j = 1; j < SIZE; j++ )
43                 if ( Graph_Matrix[i][j] == INFINITE )
44                      cout<<setw(5)<<'x';
45                 else
46                      cout<<setw(5)<<Graph_Matrix[i][j];
47            cout<<endl;
48       }
49    }
50    // 單點對全部頂點最短距離
51    void shortestPath(int vertex_total)
52    {
53       int i,j,k;
54       extern int distance[SIZE][SIZE];// 宣告為外部變數
55       // 圖形長度陣列初始化
56       for (i=1;i<=vertex_total;i++ )
57            for (j=i;j<=vertex_total;j++ )
58            {
59                 distance[i][j]=Graph_Matrix[i][j];
60                 distance[j][i]=Graph_Matrix[i][j];
61            }
62       // 利用 Floyd 演算法找出所有頂點兩兩之間的最短距離
63       for (k=1;k<=vertex_total;k++ )
64            for (i=1;i<=vertex_total;i++ )
65                 for (j=1;j<=vertex_total;j++ )
66                      if (distance[i][k]+distance[k][j]<distance[i][j])
67                           distance[i][j] = distance[i][k] + distance[k][j];
68    }
69    // 主程式
70    int main(void)
71    {
72       extern int distance[SIZE][SIZE];// 宣告為外部變數
73       int Path_Cost[7][3] = { {1, 2, 10},
74                               {2, 3, 20},
75                               {2, 4, 25},
76                               {3, 5, 18},
77                               {4, 5, 22},
78                               {4, 6, 95},
79                               {5, 6, 77} };
80       int i,j;
81       BuildGraph_Matrix(&Path_Cost[0][0]);
82       cout<<"================================="<<endl;
83       cout<<" 此範例圖形的相鄰矩陣如下 : "<<endl;
84       cout<<"================================="<<endl;
```

10-54

```
85        cout<<" 頂點  vex1 vex2 vex3 vex4 vex5 vex6"<<endl;
86        printGraph_Matrix();   // 顯示圖形的相鄰矩陣
87        cout<<"==================================="<<endl;
88        cout<<" 所有頂點兩兩之間的最短距離 : "<<endl;
89        cout<<"==================================="<<endl;
90        shortestPath(NUMBER); // 計算所有頂點間的最短路徑
91        // 求得兩兩頂點間的最短路徑長度陣列後，將其印出
92        cout<<" 頂點  vex1 vex2 vex3 vex4 vex5 vex6"<<endl;
93        for ( i = 1; i <= NUMBER; i++ )
94        {
95            cout<<"vex"<<i;
96            for ( j = 1; j <= NUMBER; j++ )
97            {
98                cout<<setw(5)<<distance[i][j];
99            }
100           cout<<endl;
101       }
102       cout<<endl;
103       return 0;
104 }
```

執行結果

```
===================================
此範例圖形的相鄰矩陣如下：
===================================
頂點  vex1 vex2 vex3 vex4 vex5 vex6
vex%d1    0    10    x    x    x    x
vex%d2    x     0   20   25    x    x
vex%d3    x     x    0    x   18    x
vex%d4    x     x    x    0   22   95
vex%d5    x     x    x    x    0   77
vex%d6    x     x    x    x    x    0
===================================
所有頂點兩兩之間的最短距離：
===================================
頂點  vex1 vex2 vex3 vex4 vex5 vex6
vex1     0    10   30   35   48  125
vex2    10     0   20   25   38  115
vex3    30    20    0   40   18   95
vex4    35    25   40    0   22   95
vex5    48    38   18   22    0   77
vex6   125   115   95   95   77    0


-----------------------------------
Process exited after 0.3651 seconds with return value 0
請按任意鍵繼續 . . . ▉
```

想一想，怎麼做？

1. 求出下圖的 DFS 與 BFS 結果。

2. 請以 K 氏法求取下圖中最小成本擴張樹。

3. 求下圖之拓樸排序。

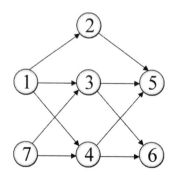

4. 請簡述拓樸排序的步驟。

5. 利用 (1) 深度優先（Depth First）搜尋法、(2) 廣度優先（Breadth First）搜尋法求出 Spanning Tree。

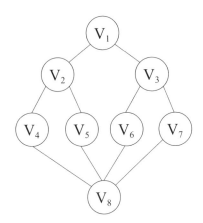

6. 以下所列之樹皆是關於圖形 G 之搜尋樹（Search Tree）。假設所有的搜尋皆始於節點 1。試判定每棵樹是深度優先搜尋樹（Depth-First Search Tree），或廣度優先搜尋樹（Breadth-First Search Tree），或二者皆非。

7. 求 V_1、V_2、V_3 任兩頂點之最短距離，並描述其過程。

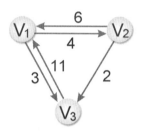

8. 在註有各地距離之圖上（單行道），求各地之間之最短距離（Shortest Path）。

(1) 利用距離，將下圖資料儲存起來，請寫出結果。

(2) 寫出所有各地間最短距離執行法。

(3) 寫出最後所得之矩陣，並說明其可表示所求各地間之最短距離。

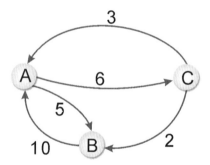

9. 何謂擴張樹？擴張樹應該包含哪些特點？

10. 求得一個無向連通圖形的最小花費樹 Prim's 演算法的主要作法為何？試簡述之。

11. 求得一個無向連通圖形的最小花費樹 Kruskal's 演算法的主要作法為何？試簡述之。

11 AI 高手鐵了心都要學的神級演算法

- ➢ 機器學習簡介
- ➢ 認識深度學習

　　人工智慧，簡單來說，就是能讓電腦表現出「類似人類智慧行為」的科技，人工智慧的原理是認定智慧源自於人類理性反應的過程而非結果，即是來自於以經驗為基礎的推理步驟與演算法，因此可以把經驗當作電腦執行推理的規則或事實，並使用電腦可以接受與處理的型式來表達，讓電腦發展與進行一些近似人類思考模式的推理流程。

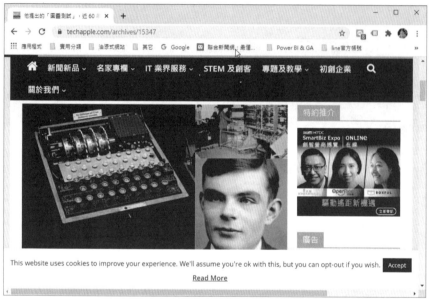

🅐 Alan Turing 為機器開始設立了是否具有智慧的判斷標準

TIPS　西元 1950 年可以算是 AI 的啟蒙期，英國著名數學家 Alan Turing 首先提出「圖靈測試」（Turing Test）的說法，是第一位認真探討人工智慧標準的人物，圖靈測試的理論是：如果一台機器能夠與人類展開對話，而不被看出是出機器的身分，進而通過測試時，便能宣稱該機器擁有智慧。

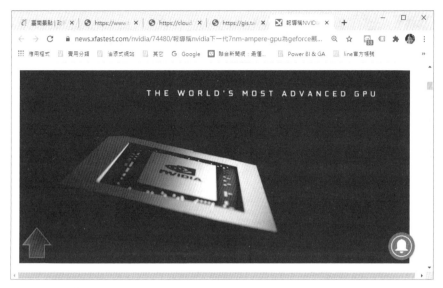

⬆ NVIDIA 的 GPU 在人工智慧運算領域中佔有領導地位

　　人工智慧（Artificial Intelligence）主要就是要讓機器能夠具備人類的思考邏輯與行為模式，近十年來人工智慧的應用領域愈來愈廣泛，當然關鍵因素就是圖形處理器（Graphics Processing Unit, GPU）等關鍵技術與先進演算法的高速發展 GPU 內含有數千個小型且更高效率的 CPU，不但能有效做到處理平行處理（Parallel Processing），加上是以向量和矩陣運算為基礎，大量的矩陣運算可以分配給這些為數眾多的核心同步進行處理，也使得人工智慧領域正式進入實用階段，藉以加速科學、分析、遊戲、消費和人工智慧應用。

> **TIPS** 平行處理（Parallel Processing）技術是同時使用多個處理器來執行單一程式，藉以縮短運算時間。其過程是將資料以各種方式交給每一顆處理器，為了實現在多核心處理器上程式性能的提升，還必須將應用程式分成多個執行緒來執行。

11-1 機器學習簡介

機器學習（Machine Learning, ML）是 AI 發展相當重要的一環，顧名思義，就是讓機器（電腦）具備自己學習、分析並最終進行輸出的能力，主要的作法是針對所要分析的資料進行「分類」（Classification），有了這些分類才可以進一步分析與判斷資料的特性，最終的目的就是希望讓機器（電腦）像人類一樣具有學習能力的話。

▲ 人臉辨識系統就是機器學習的常見應用

機器學習的演算法很多，主要區分成四種學習演算法：監督式學習（Supervised Learning）、非監督式學習（Un-supervised Learning）、半監督式學習（Semi-supervised Learning）及強化學習（Reinforcement Learning）。

監督式學習
（ Supervised learning ）

半監督式學習
（ Semi-supervised learning ）

非監督式學習
（ Un-supervised learning ）

強化學習
（ Reinforcement learning ）

🔺 機器學習的四種學習演算法

11-1-1　監督式學習演算法

　　監督式學習（Supervised Learning）是利用機器從標籤化（Label）的資料中分析模式後做出預測的學習方式，這種學習方式要事前透過人工作業，將所有可能的特徵標記起來。因為在訓練的過程中，所有的資料都是有「標籤」的資料，學習的過程中必須給予輸入樣本以及輸出樣本資訊，再從訓練資料中擷取出資料的特徵（Features），幫助我們判讀出目標。

　　例如我們要讓機器學會如何分辨照片上的動物是雞還是鴨，首先必須準備很多雞和鴨的照片，並標示出哪一張是雞哪一張是鴨，讓機器可以藉由標籤來分類與偵測雞和鴨的特徵，以後只要詢問機器中的任何一張照片中是雞還是鴨，機器就能辨識出雞和鴨並進行預測。由於標籤是需要人工再另外標記，因此需要很大量的標記資料庫，才能發揮作用，標記過的資料就好比標準答案，機器判斷的準確性自然會比較高，不過在實際應用中，將大量的資料進行標籤是極為耗費人工與成本的工作。

▲ 監督式學習演算法最耗費人力成本

11-1-2　半監督式學習演算法

　　半監督式學習（Semi-supervised Learning）只會針對少部分資料進行「標籤化」的動作，然後先針對這些已經被「標籤化」的資料去發掘該資料的特徵，機器只要透過有標籤的資料找出特徵並對其他的資料進行分類。例如我們有 2000 位不同國籍人士的相片，我們可以將其中的 50 張相片進行「標籤化」（Label），並將這些相片進行分類，機器透過已學習到的 50 張照片的特徵，再去比對剩下的 1950 張照片，並進行辨識及分類，就能找出哪些是爸爸或媽媽的相片，由於這種半監督式機器學習的方式已有相片特徵作為辨識的依據，因此預測出來的結果通常會比非監督式學習成果較佳。

⬆ 半監督式學習預測結果會比非監督式學習較佳

11-1-3　非監督式學習與 K-平均演算法

非監督式學習（Un-supervised Learning）中所有資料都沒有標註，機器透過尋找資料的特徵，自己進行分類，因此不需要事先以人力處理標籤，直接讓機器自行摸索與尋找資料的特徵，並學習進行分類（Classification）與分群（Clustering）。所謂分類是對未知訊息歸納為已知的資訊，例如把資料分到老師指定的幾個類別，貓與狗是屬於哺乳類，蛇和鱷魚是爬蟲類，分群則是資料中沒有明確的分類，而必須透過特徵值來做劃分。

◭ 分類的範例　　　　　　　　　　◭ 分群的範例

由於所訓練資料沒有標準答案，非監督式學習可以大幅減低繁瑣的人力標籤工作，訓練時讓機器自行摸索出資料的潛在規則，再根據這些被萃取出的特徵來將物件分類，並透過這些資料去訓練模型，這種方法不用人工進行分類，對人類來說最簡單，但對機器來說最辛苦，誤差也會比較大。

非監督式學習中讓機器從訓練資料中找出規則，大致會有兩種形式：分群（Clustering）以及生成（Generation）。分群能夠把數據根據距離或相似度分開，主要運用如聚類分析（Cluster Analysis）。所謂聚類分析是建構在統計學習的一種資料分析的技術，聚類就是將許多相似的物件透過一些分類的標準來分成不同的類或簇，只要被分在同一組別的物件成員，就會有相似的一些屬性等。而生成則是能夠透過隨機數據，生成我們想要的圖片或資料，主要運用如生成式對抗網路（GAN）等。

TIPS 生成式對抗網路（Generative Adversarial Network, GAN）是 2014 年由蒙特婁大學博士生 Ian Goodfellow 提出，在 GAN 架構下，有兩個需要被訓練的模型（Model）：生成模型（Generator Model）和判別模型（Discriminator Model），藉由互相對抗激勵而越來越強，訓練過程反覆進行，最後會收斂到一個平衡點，而訓練出一個能夠模擬真正資料分布的模型。

例如我們使用非監督式學習辨識蘋果及柳丁，當所提供的訓練資料夠大時，機器會自行判斷提供的圖片裡有哪些特徵的是蘋果、哪些特徵的是柳丁，並同時進行分類，例如從質地、顏色（沒有柳丁是紅色的）、大小等，找出比較相似的資料聚集在一起，形成分群。

　　下圖中相似程度較高的柳丁或蘋果會被歸納為同一分類，基本上從水果外觀或顏色來區分，相似性的依據是採用「距離」，相對距離愈近、相似程度越高將被歸類至同一群組。例如在下圖中也有一些邊界點（在柳丁區域的邊界有些較類似蘋果的圖片），這種情況下就要採用特定的標準來決定所屬的分群。因為非監督式學習沒有標籤來確認，而只是判斷特徵來分群，機器在學習時並不知道其分類結果是否正確，導致需要以人工再自行調整，不然很可能會做出莫名其妙的結果。

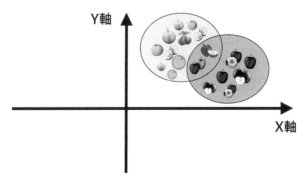

🔺 非監督式學習會根據元素的相似程度來分群

例如 K-平均演算法（K-means Clustering）即是非監督式學習演算法，主要起源於訊號處理中的一種向量量化方法，屬於分群的方法，k 設定為分群的群數，目的就是把 n 個觀察樣本資料點劃分到 k 個聚類中，然後隨機將每個資料點設為距離最近的中心，使得每個點都屬於離他最近的均值所對應的聚類，然後重新計算每個分群的中心點，這個距離可以使用畢氏定理計算，接著拿這個標準作為是否為同一聚類的判斷原則，接著再用每個樣本的座標來計算每群樣本的新中心點，最後我們會將這些樣本劃分到離他們最接近的中心點。例如下圖海洋生物識別中，圖形的左側窗口是未經聚類分析分群的原始資料，右側窗口則是經聚類分析劃分的分群類別，從下圖中可以找出四種類型的海洋生物：

⚠原始未聚類分析資料　　　　　　⚠經聚類分析劃分後的分群類別

11-1-4　增強式學習演算法

增強式學習（Reinforcement Learning）算是機器學習一個相當具有潛力的演算法，核心精神就是跟人類一樣，藉由不斷嘗試錯誤，從失敗與成功中，所得到回饋，再進入另一個的狀態，希望透過這些不斷嘗試錯誤與修正，也就是如何在環境

給予的獎懲刺激下，一步步形成對於這些刺激的預
期，強調的是透過環境而行動，並會隨時根據輸入的
資料逐步修正，最終期望可以得到最佳的學習成果或
超越人類的智慧。

電玩遊戲能讓人樂此不疲，
就是具備某些回饋機制

例如在打電玩遊戲時，新手每達到一個進程或目
標，就會給予一個正向反饋（Positive Reward），得到
獎勵或往下一個關卡邁進，如果是卡關或被怪物擊敗
就會死亡，這就是負向反饋（Negative Reward），也
就是增強學習的基本核心精神。增強式學習並不需要
出現正確的「輸入 / 輸出」，可以透過每一次的錯誤來學習，是由代理人（Agent）、
行動（Action）、狀態（State）/ 回饋（Reward）、環境（Environment）所組成，並從
使用過程取得回饋以學習行為模式。

增強式學習會隨時根據輸入的資料逐步修正

首先會先建立代理人（Agent），每次代理人所要採取的行動，會根據目前
「環境」的「狀態」（State）執行「動作」（Action），然後得到環境給我們的回饋
（Reward），接著下一步要執行的動作也會去改變與修正，這會使得「環境」又進入
到一個新的「狀態」，透過與環境的互動從中學習，藉以提升代理人的決策能力，並
評估每一個行動之後所到的回饋是正向的或負向來決定下一次行動。

● 增加式學習的嘗試錯誤（try & error）的訓練流程示意圖

增強式學習強調如何基於環境而行動，然後基於環境的回饋（或稱作報酬或得分），根據回饋的好壞，機器自行逐步修正，以試圖極大化自己的的預期利益，達到分析和優化代理行為的目的，希望讓機器或稱「代理人」（Agent），模仿人類的這一系列行為，最終得到正確的結果。

11-2 認識深度學習

隨著越來越強大的電腦運算功能，近年來更帶動炙手可熱的深度學習（Deep Learning）技術的研究，讓電腦開始學會自行思考，聽起來似乎是好萊塢科幻電影中常見的場景，許多科學家開始採用模擬人類複雜神經架構來實現過去難以想像的目標，也就是讓電腦具備與人類相同的聽覺、視覺、理解與思考的能力。無庸置疑，人工智慧、機器學習以及深度學習已變成 21 世紀最熱門的科技話題之一。

◎ 深度學習源自於類神經網路

⬆ 深度學習也屬於機器學習的一種

　　最為人津津樂道的深度學習應用，當屬 Google Deepmind 開發的 AI 圍棋程式 AlphaGo 接連大敗歐洲和南韓圍棋棋王了。我們知道圍棋是中國抽象的對戰遊戲，其複雜度即使連西洋棋、象棋都遠遠不及，大部分人士都認為電腦至少還需要十年以上的時間才有可能精通圍棋。

⬆ AlphaGo 讓電腦自己學習下棋

圖片來源：https://case.ntu.edu.tw/blog/?p=26522

而 AlphaGo 就是透過深度學習學會圍棋對弈，設計上是先輸入大量的棋譜資料，棋譜內有對應的棋局問題與著手答案，以學習基本落子、規則、棋譜、策略，電腦以類似人類腦神經元的深度學習運算模型，引入大量的棋局問題與正確著手來自我學習，讓 AlphaGo 學習下圍棋的方法，根據實際對弈資料自我訓練，接著能判斷棋盤上的各種狀況，並且不斷反覆跟自己比賽來調整，後來創下連勝 60 局的佳績，才讓人驚覺深度學習的威力確實強大。

11-2-1 類神經網路演算法

深度學習可以說是模仿大腦，具有多層次的機器學習法

圖片來源：https://research.sinica.edu.tw/deep-learning-2017-ai-month/

深度學習可以說是具有層次性的機器學習法，透過一層一層處理工作，可以將原先所輸入大量的資料漸漸轉化為有用的資訊，通常人們提到深度學習，指的就是「深度神經網路」（Deep Neural Network）演算法。這種類神經網架構就是模擬人類大腦神經網路架構，各個神經元以節點的方式連結各個節點，並產生欲計算的結果，這個架構蘊含三個最基本的層次，每一層各有為數不同的神經元組成，包含輸入層（Input Layer）、隱藏層（Hidden Layer）、輸出層（Output Layer），各層說明如下：

■ **輸入層**：接受刺激的神經元，也就是接收資料並輸入訊息之一方，就像人類神經系統的樹突（接受器）一樣，不同輸入會啟動不同的神經元，但不對輸入信號（值）執行任何運算。

■ **隱藏層**：不參與輸入或輸出，隱藏於內部，負責運算的神經元，隱藏層的神經元透過不同方式轉換輸入數據，主要的功能是對所接收到的資料進行處理，再將所得到的資料傳遞到輸出層。隱藏層可以有一層以上或多個隱藏層，只要增加神經網路的複雜性，辨識率都隨著神經元數目的增加而成長，來獲得更好學習能力。

> TIPS 神經網路如果是以隱藏層的多寡個數來分類，大概可以區分為「淺神經網路」與「深度神經網路」兩種類型，當隱藏層只有一層通常被稱為「淺神經網路」。當隱藏層有一層以上（或稱有複數層隱藏層）則被稱為「深度神經網路」，在相同數目的神經元時，深度神經網路的表現總是比較好。

■ **輸出層**：提供資料輸出的一方，接收來自最後一個隱藏層的輸入，輸出層的神經元數目等於每個輸入對應的輸出數，透過它我們可以得到合理範圍內的理想數值，挑選最適當的選項再輸出。

接下來以手寫數字辨識系統為例來簡單說明類神經網路架構，首先我們要知道在電腦看來，這些圖片只是一群排成二維矩陣、帶有位置編號的像素，電腦其實並不如人類有視覺與能夠感知的大腦，而他們靠的兩項主要的數據就是：像素的座標與顏色值。當我們在對影像作處理或是影像作辨識時，都需要從每個像素中去取得這張圖的特徵，除了考慮到每個像素的值之外，還需要考慮像素和像素之間的關連。

為了幫助大家理解機器自我學習的流程，各位不妨想像「隱藏層」就是一種數學函數概念，主要就是負責數字識別的處理工作。在手寫數字中最後的輸出結果數字只有 0 到 9 共 10 種可能性，若要判斷手寫文字為 0~9 哪一個時，可以設定輸出層有 10 個值，只要透過「隱藏層」中一層又一層函數處理，可以逐步計算出最後「輸出層」中 10 個人工神經元的像素灰度值（或稱明暗度），其中每個小方格代表一個 8

位元像素所顯示的灰度值，範圍從 0 到 255，白色為 255，黑色為 0，共有 256 個不同層次深淺的灰色變化，然後再從其中選擇灰度值最接近 1 的數字，作為程式最終作出正確數字的辨識。如下圖所示：

🔺 手寫數字辨識系統即使只有單一隱藏層，也能達到 **97%** 以上的準確率

第一步假設我們將手寫數字以長 28 像素、寬 28 像素來儲存代表該手寫數字在各像素點的灰度值，總共 28*28=784 像素，其中的每一個像素就如同是一個模擬的人工神經元，這個人工神經元儲存 0~1 之間的數值，該數值就稱為啟動函數（Activation Function），啟動值數值的大小代表該像素的明暗程度，數字越大代表該像素點的亮度越高，數字越小代表該像素點的亮度越低。例如一個手寫數字 7，將這個數字以 28*28=784 個像素值的示意圖如下。

如果將每個點所儲存的像素明亮度分別轉換成一維矩陣，則可以分別表示成 X_1、X_2、X_3.....X_{784}，每一個人工神經元分別儲存 0~1 之間的數值，代表該像素的明暗程度，不考慮中間隱藏層的實際計算過程，我們直接將隱藏層用函數去表示，下圖的輸出層中代表數字 7 的神經元的灰度值為 0.98，是所有 10 個輸出層神經元所記錄的灰度值亮度最高，最接近數值 1，因此可以辨識出這個手寫數字最有可能的答案是數字 7，而完成精準的手寫數字的辨識工作。手寫數字 7 的深度學習的示意圖如下：

我們以前面的手寫數字辨識為例，這個神經網路包含三層神經元，除了輸入和輸出層外，中間有一層隱藏層負責資料的計算處理與傳遞工作，隱藏層則是隱藏於內部不會實際參與輸入與輸出工作，較簡單的模型為只有一層隱藏層，又被稱為淺神經網路，如下圖所示：

　　而下圖是包含 2 層隱藏層的深度神經網路示意圖，輸入層的資料輸入後，會經過第 1 層隱藏層的函數計算工作，並求得第 1 層隱藏層各神經元中所儲存的數值，接著再以此層的神經元資料為基礎，接著進行第 2 層隱藏層的函數計算工作，並求得第 2 層隱藏層各神經元中所儲存的數值，最後再以第 2 層隱藏層的神經元資料為基礎，經過函數計算工作後，最後求得輸入層各神經元的數值。

接著會使用到啟動值（激活函數或活化函數），因為上層節點的輸出和下層節點的輸入之間具有一個函數關係，並把值壓縮到一個更小範圍，這個非線性函數稱為啟動函數，透過這樣的非線性函數會讓神經網路更逼近結果。接下來我們以剛才舉的手寫數字 7 為例，將中間隱藏層的函數實際以 k 層隱藏層為例，當啟動值數值為 0 代表亮度最低的黑色，數字為 1 代表亮度最高的白色，因此任何一個手寫數字都能以記錄 784 個像素灰度值的方式來表示。有了這些「輸入層」資料，再結合演算法機動調整各「輸入層」的人工神經元，與下一個「隱藏層」的人工神經元連線上的權重，來決定「第 1 層隱藏層」的人工神經元的灰度值。也就是說，每一層的人工神經元的灰度值，必須由上一層的人工神經元的值與各連線間的權重來決定，再透過演算法的計算，來決定下一層各個人工神經元所儲存的灰度值。

輸入層　第1層　第2層　輸出層

⬆ 數字 7 的機率最高 0.98

　　為了方便問題的描述，「第1層隱藏層」的人工神經元的數值和上一層輸入層有高度關連性，我們再利用「第1層隱藏層」的人工神經元儲存的灰度值及各連線上的權重去決定「第2層隱藏層」中人工神經元所儲存的灰度值，也就是說，「第2層隱藏層」的人工神經元的數值和上一層「第1個隱藏層」有高度關連性。接著我們再利用「第2個隱藏層」的人工神經元儲存的灰度值，及各連線上的權重去決定「輸出層」中人工神經元所儲存的灰度值。從輸出層來看，灰度值越高（數值越接近1），代表亮度越高，越符合我們所預測的圖像。

11-2-2　卷積神經網路（CNN）演算法

　　卷積神經網路（Convolutional Neural Network, CNN）是目前深度神經網路（Deep Neural Network）領域的發展主力，也是最適合圖形辨識的神經網路，1989年由 LeCun Yuan 等人提出的 CNN 架構，係指每當 CNN 分辨一張新圖片時，在不知道特徵的情況下，會先比對圖片中的各個局部，這些局部被稱為特徵（Feature），這些特徵會捕捉圖片中的共通要素，在這個過程中可以獲得各種特徵量，藉由在相似的位置上比對大略特徵，然後擴大檢視所有範圍來分析所有特徵，以解決影像辨識的問題。

CNN 是一種非全連接的神經網路結構，這套機制背後的數學原理被稱為卷積（Convolution），與傳統的多層次神經網路最大的差異在於多了卷積層（Convolution Layer）還有池化層（Pooling Layer）這兩層，因為有了這兩層讓 CNN 比起傳統的多層次神經網路更具備能夠掌握圖像或語音資料的細節，而不像其他神經網路只是單純的提取資料進行運算。在還沒開始實際解說卷積層及池化層的作用之前，我們先以下面的示意圖說明卷積神經網路的運作原理：

◔ 卷積神經網路示意圖

上圖只是單層的卷積層示意圖，在最後輸出層的一維陣列的數值，就足以作出這次圖片辨識結果的判斷。簡單來說，CNN 會比較兩張圖相似位置局部範圍的大略特徵，來作為分辨兩張圖片是否相同的依據，這樣會比直接比較兩張完整圖片來得容易判斷且快速。

卷積神經網路系統在訓練的過程中，會根據輸入的圖形，自動幫忙找出各種圖像包含的特徵，以辨識鳥類動物為例，卷積層的每一個平面都抽取了前一層某一個方面的特徵，只要再往下加幾層卷積層，我們就可以陸續找出圖片中的各種特徵，這些特徵可能包括鳥的腳、嘴巴、鼻子、翅膀、羽毛…等，直到最後找出圖片整個輪廓，就可以精準判斷所辨識的圖片是否為鳥？

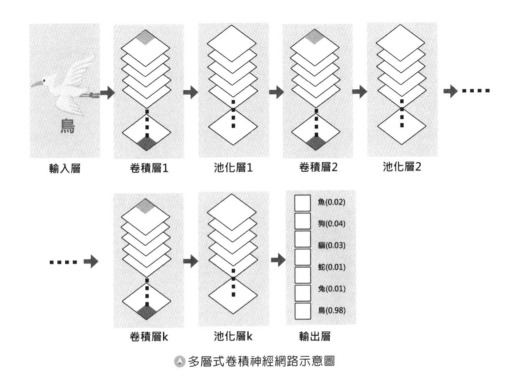

▲多層式卷積神經網路示意圖

　　卷積神經網路演算法在辨識圖片的判斷精準程度上，甚至還超過人類想像及判斷能力。接著我們要對卷積層及池化層做更深入的說明。

◎ 卷積層（Convolution Layer）

　　CNN 的卷積層其實就是在對圖片做特徵擷取最重要的核心，不同的卷積動作就可以從圖片擷取出各種不同的特徵，找出最好的特徵最後再進行分類。我們可以根據每次卷積的值和位置，製作一個新的二維矩陣，亦即一張圖片裡的每個特徵都像一張更小的圖片與更小的二維矩陣。這也就是利用特徵篩選過後的原圖，它可以告訴我們在原圖的哪些地方可以找到那樣的特徵。

　　CNN 運作原理是透過一些指定尺寸的視窗（Sliding Window），或稱為過濾器（Filter）、卷積核（Kernel），目的就是幫助我們萃取出圖片當中的一些特徵，就像人類大腦在判斷圖片的某個區塊有什麼特色一樣。然後由上而下依序滑動取得圖像中各區塊特徵值,卷積運算就是將原始圖片與特定的過濾器做矩陣內積運算,也就是與過濾器各點的相乘計算後得到特徵圖(Feature Map),目的是可以保留圖片中的空間結構,並從這樣的結構中萃取出特徵,並將所取得的特徵圖傳給下一層的池化層(Pooling Layer)。

一張圖片的卷積運算其實很簡單,假設我們有張圖是英文字母 T,5*5 的像素圖,並轉換成對應的 RGB 值,其中數值 0 代表黑色,數值 255 代表白色,數字越小亮度越小,下圖分別為 T 字母的點陣圖示意圖:

0	0	0	0	0
255	255	0	255	255
255	255	0	255	255
255	255	0	255	255
255	255	0	255	255

此處我們設定過濾器為 2*2 矩陣,要計算特徵圖片和圖片局部的相符程度,只要將兩者各個像素上的值相乘即可。以下的步驟將開始對每個像素做卷積運算,下圖中框起來的部份會和過濾器進行點跟點相乘,最後再全部相加得到結果。

STEP **1**

STEP 2

0	0 ×1	0 ×0	0	0
255	255 ×1	0 ×0	255	255
255	255	0	255	255
255	255	0	255	255
255	255	0	255	255

X

1	0
1	0

=

255	255	0	255
510	510	0	510
510	510	0	510
510	510	0	510

STEP 3

0	0	0 ×1	0 ×0	0
255	255	0 ×1	255 ×0	255
255	255	0	255	255
255	255	0	255	255
255	255	0	255	255

X

1	0
1	0

=

255	255	0	255
510	510	0	510
510	510	0	510
510	510	0	510

STEP 4

0	0	0	0 ×1	0 ×0
255	255	0	255 ×1	255 ×0
255	255	0	255	255
255	255	0	255	255
255	255	0	255	255

X

1	0
1	0

=

255	255	0	255
510	510	0	510
510	510	0	510
510	510	0	510

STEP **5**

0	0	0	0	0
255 x1	255 x0	0	255	255
255 x1	255 x0	0	255	255
255	255	0	255	255
255	255	0	255	255

X

1	0
1	0

=

255	255	0	255
510	510	0	510
510	510	0	510
510	510	0	510

STEP **6**

0	0	0	0	0
255	255 x1	0 x0	255	255
255	255 x1	0 x0	255	255
255	255	0	255	255
255	255	0	255	255

X

1	0
1	0

=

255	255	0	255
510	510	0	510
510	510	0	510
510	510	0	510

STEP **7** 依此作法即可分別得到經卷積運算所得到的結果，下圖則為最右下角（即最後一個步驟）求值的示意圖：

0	0	0	0	0
255	255	0	255	255
255	255	0	255	255
255	255	0	255 x1	255 x0
255	255	0	255 x1	255 x0

X

1	0
1	0

=

255	255	0	255
510	510	0	510
510	510	0	510
510	510	0	510

看完上面圖示步驟後，可能各位已經輕鬆看出圖片卷積怎麼運作的了，中間 2*2 的矩陣就是過濾器，整張圖的過濾器就是每個位置都會運算到，運算方式一般都是從左上角開始計算，然後橫向右邊移動運算，到最右邊後再往下移一格，繼續向右邊移動運算，就是將 2*2 的矩陣在圖片上的像素一步一步移動（步數稱為 Stride 步數），如果我們把 stride 加大，那麼涵蓋的特徵會比較少，但速度較快，得出的特徵圖更小，在每個位置的時候，計算兩個矩陣相對元素的乘積並相加，輸出一個值，然後放在一個矩陣（右邊的矩陣），請注意！CNN 訓練的過程就是不斷地改變過濾器來凸顯這個輸入圖像上的特徵，而且每一層卷積層的過濾器也不會只有一個，這就是基本的卷積運算過程。

◎ 池化層（Pooling Layer）

池化層目的是盡量將圖片資料量減少並保留重要資訊的方法，功用是將一張或一些圖片池化成更小的圖片，不但不會影響到我們的目的，還可以再一次減少神經網路的參數運算。圖片的大小可以藉著池化過程變得很小，池化後的資訊更專注於圖片中是否存在相符的特徵，而非圖片中哪裡存在這些特徵，有很好的抗雜訊功能。原圖經過池化以後，其所包含的像素數量會降低，但還是保留了每個範圍和各個特徵的相符程度，例如把原本的資料做一個最大化或是平均化的降維計算，所得的資訊會更專注於圖片中是否存在相符的特徵，而不必分心於這些特徵所在的位置。

此外，池化層也有過濾器，也是在輸入圖像上進行滑動運算，但和卷積層不同的地方是滑動方式不會互相覆蓋，除了最大化池化法外，也可以做平均池化法（取最大部份改成取平均）、最小化池化法（取最大部份改成取最小化）等，接著以一個 2*2 的池化法（Pooling）當作例子，整個圖片做池化的方式如下圖。原本 4*4 的圖片因為取 2*2 的池化，所以會變成 2*2，下圖分別秀出 Max Pool、Min Pool 及 Mean Pool 的最後輸出結果：

如果以像素呈現的點陣圖，其外觀示意圖如下：

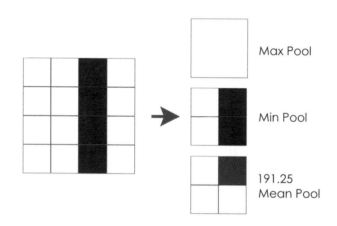

11-2-3 遞迴神經網路（RNN）演算法

遞迴神經網路（Recurrent Neural Network, RNN）是一種有「記憶」的神經網路，會將每一次輸入所產生狀態暫時儲存在記憶體空間，而這些暫存的結果被稱為隱藏狀態（Hidden State），RNN 將狀態在自身網路中循環傳遞，允許先前的輸出結果影響後續的輸入，一般有前後關係較重視時間序列的資料，如果要進行類神經網路分析，會使用遞迴神經網路進行分析，因此像動態影像、文章分析、自然語言、聊天機器人這種具備時間序列的資料，就非常適合遞迴神經網路來實作。

例如我們要搭乘由南部第一站左營站的高鐵到北部最後一站的南港站，各站到達時間的先後順序為左營、台南、嘉義、雲林、彰化、台中、苗栗、新竹、桃園、板橋、台北、南港等站，如果想要推斷下一站會停靠哪一站，只要記得上一站停靠的站名，就可以輕易判斷出下一站的站名，同樣地，也能清楚判斷出下下一站的停靠點，這種例子就是一種有時間序列前後關連性的例子。

▲ 高鐵的站名間有時間序列關係

遞迴神經網路比起傳統神經網路的最大差別在於記憶功能與「前後時間序列的關連性」，在每一個時間點取得輸入的資料時，除了要考慮目前時間序列要輸入的資料外，也會一併考慮前一個時間序列所暫存的隱藏資訊。如果以生活實例來類比遞迴神經網路，記憶是人腦對過去經驗的綜合反應，這些反應會在大腦中留下痕跡，並在一定條件下呈現出來，不斷地將過往資訊往下傳遞，是在時間結構上存在共享特性，所以我們可以用過往的記憶（資料）來預測或了解現在的現象。

從人類語言學習的角度來看，當我們在理解一件事情時，絕對不會憑空想像或從無到有重新學習，就如同我們在閱讀文章，必須透過上下文來理解文章，這種具備背景知識的記憶與前後順序的時間序列的遞迴（Recurrent）概念，就是遞迴神經網路與其他神經網路模型較不一樣的特色。

◎ 遞迴神經網路解決課表問題

接著用一個生活化的例子來簡單說明遞迴神經網路，小明的家長希望小明在週一到週五下課之後，晚上固定去補習班上課，課程安排如下：

- 週一上作文課
- 週二上英文課
- 週三上數學課
- 週四上跆拳道
- 週五上才藝班

就是每週從星期一到星期五不斷地循環。如果前一天上英文課，今天就是上數學課；如果前一天上才藝班，今天就會作文課，非常有規律。

萬一前一次小明生病請假，那是不是就沒辦法推測今天晚上會上什麼課？但事實上，還是可以的，因為我們可以從前二天上的課程，預測昨天晚上是上什麼課。所以，我們不只能利用昨天上什麼課來預測今天準備上的課程，還能利用昨天的預測課程，來預測今天所要上的課程。另外，如果我們把「作文課、英文課、數學課、跆拳道、才藝班」改為用向量的方式來表示。例如可以將「今天會上什麼課？」的預測改為用數學向量的方式來表示。假設我們預測今天晚上會上數學課，則將數學課記為 1，其他四種課程內容都記為 0。

此外，我們也希望將「今天預測課程」回收，用來預測明天會上什麼課程？下圖中的藍色箭頭的粗曲線，表示了今天上什麼課程的預測結果將會在明天被重新利用。

如果將這種規則性不斷往前延伸，即使連續 10 天請假出國玩都沒有上課，透過觀察更早時間的上課課程規律，我們還是可以準確地預測今天晚上要上什麼課？而此時的遞迴神經網路示意圖，參考如下：

由上面的例子說明，我們得知有關 RNN 的運作方式可以從以下的示意圖看出，第 1 次『時間序列』（Time Series）來自輸入層的輸入為 x_1，產生輸出結果 y_1；第 2 次時間序列來自輸入層的輸入為 x_2，要產出輸出結果 y_2 時，必須考慮到前一次輸入所暫存的隱藏狀態 h_1，再與這一次輸入 x_2 一併考慮成為新的輸入，而這次會產生新的隱藏狀態 h_2 也會被暫時儲存到記憶體空間，再輸出 y_2 的結果；接著再繼續進行下一個時間序列 x_3 的輸入，……以此類推。

如果以通式來加以說明 RNN 的運作方式，就是第 t 次時間序列來自輸入層的輸入為 x_t，要產出輸出結果 y_t 必須考慮到前一次輸入所產生的隱藏狀態 h_{t-1}，並與這一次輸入 x_t 一併考慮成為新的輸入，而該次也會產生新的隱藏狀態 h_t 並暫時儲存到記憶體空間，再輸出 y_t 的結果，接著再接續進行下一個時間序 x_{t+1} 的輸入，……以此類推。綜合歸納遞迴神經網路的主要重點，RNN 的記憶方式在考慮新一次的輸入時，會將上一次輸出記錄的隱藏狀態，連同這一次的輸入當作這一次的輸入，也就是說，每一次新的輸入都會將前面發生過的事一併納入考量。

下面的示意圖就是 RNN 記憶方式，及 RNN 根據時間序列展開後的過程說明。

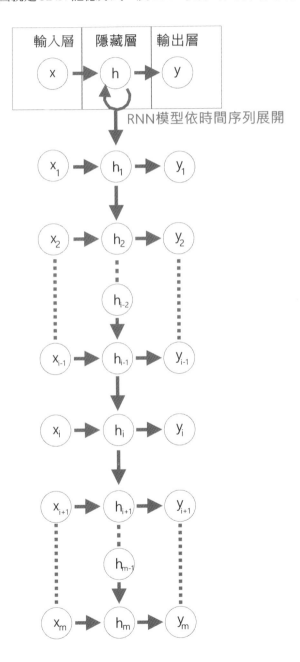

　　遞迴神經網路強大的地方在於它允許輸入與輸出的資料不只是單一組向量，而是多組向量組成的序列，另外 RNN 也具備有更快訓練和使用更少計算資源的優勢。就以應用在自然語言中文章分析為例，通常語言要考慮前言後語，為了避免斷章取義，要建立語言的相關模型，如果能額外考慮上下文的關係，準確率就會顯著提高。也就是說，當前「輸出結果」不只受上一層輸入的影響，也受到同一層前一個「輸出結果」的影響（即前文）。例如下面這兩個句子：

■ 我「不在意」時間成本，所以我選擇搭乘「火車」從高雄到台北的交通工具

■ 我「很在意」時間成本，所以我選擇搭乘「高鐵」從高雄到台北的交通工具

　　在分析「我選擇搭乘」的下一個詞時，若不考慮上下文，「火車」、「高鐵」的機率是相等的，但是如果考慮「我很在意時間成本」，選「高鐵」的機率應該就會大於選「火車」。反之，但是如果考慮「我不在意時間成本」，選「火車」的機率應該就會大於選「高鐵」。

1. 請簡述機器學習（Machine Learning）。

2. 機器學習主要分成哪四種學習方式？

3. 請簡介監督式學習（Supervised Learning）。

4. 請簡介半監督式學習（Semi-supervised Learning）。

5. 非監督式學習讓機器從訓練資料中找出規則，請問有哪兩種形式？

6. 類神經網路架構有哪三層？

7. 請問卷積神經網路（CNN）的特點為何？

8. 請簡述卷積層（Convolution Layer）的功用。

9. 請簡介遞迴神經網路（RNN）。

MEMO